“十三五”时期

农产品质量安全营养健康优质化领域科研技术创新重要亮点成果汇编

农业农村部农产品质量安全中心　编

中国农业科学技术出版社

图书在版编目（CIP）数据

“十三五”时期农产品质量安全营养健康优质化领域科研技术创新重要亮点成果汇编 / 农业农村部农产品质量安全中心编 . -- 北京：中国农业科学技术出版社，2022.3

ISBN 978-7-5116-5689-6

Ⅰ.①十… Ⅱ.①农… Ⅲ.①农产品—食品安全—科技成果—汇编—中国 ②农产品—食品营养—科技成果—汇编—中国 Ⅳ.① TS201.6 ② R151.3

中国版本图书馆 CIP 数据核字（2021）第 275137 号

责任编辑 周 朋
责任校对 马广洋
责任印制 姜义伟 王思文

出 版 者 中国农业科学技术出版社
北京市中关村南大街 12 号 邮编：100081
电 话 （010）82106631（编辑室）（010）82109702（发行部）
（010）82109709（读者服务部）
传 真 （010）82106643
网 址 http：// www.castp.cn
经 销 者 各地新华书店
印 刷 者 北京捷迅佳彩印刷有限公司
开 本 170 mm × 240 mm 1/16
印 张 10.5
字 数 172 千字
版 次 2022 年 3 月第 1 版 2022 年 3 月第 1 次印刷
定 价 168.00 元

编委会名单

前言 PREFACE

为贯彻落实习近平总书记关于“科技创新、科学普及是实现创新发展的两翼，要把科学普及放在与科技创新同等重要的位置”的重要讲话，推进农产品质量安全营养健康优质化领域科研技术创新成果普及宣展，支撑服务品种培优、品质提升、品牌打造和标准化生产，促进增加优质绿色和特色农产品生产供给，农业农村部农产品质量安全中心在农产品质量安全与营养健康科普基地（工作站、试验站）和农产品质量安全与优质化业务技术依托机构及相关业务技术单位推荐基础上，聘请专家审查评议，形成了“‘十三五’时期农产品质量安全营养健康优质化领域科研技术创新重要亮点成果名录”，涉及“十三五”时期完成的农产品质量安全营养健康优质化领域质量标准、检验检测、全程质量控制、质量追溯、营养品质等方面新方法、新技术、新产品，供各相关方面推广应用。

《“十三五”时期农产品质量安全营养健康优质化领域科研技术创新重要亮点成果汇编》一书在编写过程中得到了农产品质量安全与营养健康科普基地（工作站、试验站）和农产品质量安全与优质化业务技术依托机构及相关业务技术单位和专家的大力支持，借此表示衷心感谢。由于时间和条件所限，书中疏漏在所难免，恳请批评指正。

编者

2022 年 2 月

CONTENTS 目录

成果 1

低值蛋白高值生物转化关键技术创新与应用

主要完成单位： 浙江省农业科学院　南通福尔生物制品有限公司
浙江中得农业集团有限公司

主要完成人员： 王　伟　张　玉　王　楠　王君虹　朱作艺
李　雪　刘建峰　蒋有水

成果主要亮点：

我国是一个蚕桑大国，蚕蛹资源丰富，每年鲜蚕蛹产量可达 10 万吨以上，蚕蛹综合利用能力和精深加工水平有待创新提升，大量蚕蛹不及时加工处理会对环境造成严重污染，如何综合利用蚕蛹成为促进我国桑蚕产业健康发展的关键。甲鱼养殖产业是我国近几年发展起来的朝阳产业，市场容量大、养殖效益高，但如何借此市场热潮，依靠强劲的科技支撑，保障甲鱼养殖产业提高附加值，是甲鱼养殖产业可持续健康发展的关键。

本成果主要对蚕桑产业中缫丝后低值蚕蛹蛋白、甲鱼蛋白的高值生物转化进行了关键技术创新和应用，以蚕桑产业中缫丝后低值蚕蛹蛋白和甲鱼蛋白等为原料，建立了低值蛋白高值生物转化关键技术，阐释蚕蛹肽及甲鱼肽的活性机理，形成了多个功能肽产品，并进行了产业化示范。

主要技术要点如下：

1. 建立和优化了低值蛋白高值生物转化关键技术体系，制备蚕蛹、甲鱼蛋白为原料的血管紧张素转换酶（ACE）、3- 羟基 -3- 甲基戊二酸单酰辅酶 A（HMG-CoA）还原酶和 α- 葡萄糖苷酶抑制肽，并结合计算机辅助模拟技术研究作用机制，分离到 1 个高 ACE 抑制活性肽 APPPKK，8 个具有降血压和降血脂的双功能肽 DL、ES、GD、QD、ST、SD、QE、TE，5 个具有降血糖活性的功能肽 GT、IF、QN、GW、DI。

2. 通过复合蛋白酶联合分步酶解的技术，建立制备蚕蛹肽的关键技术，所得活性肽具有较强的总抗氧化能力、清除 DPPH 能力、抑制羟基自由基能力、抗超氧阴离子自由基能力。

3. 通过微波耦合酶技术，对甲鱼肽生产工艺条件进行优化，建立了制备高抗氧化活性甲鱼肽的最佳工艺条件。该技术有利于提高功能肽的抗氧化活性。

本技术成果形成了系列产品，减少了蚕蛹蛋白对环境的污染，带动了桑蚕产业和甲鱼养殖产业的健康发展，为增加产业链末端附加值发挥了作用。

成果 2

3 种鲜食水果农药残留风险监测评估及关键控制技术

主要完成单位： 浙江省农业科学院　农业农村部农药检定所
浙江省杭州宇龙化工有限公司
浙江省耕地质量与肥料管理局
金华市植物保护站　建德市农业技术推广中心

主要完成人员： 王　强　季　颖　虞轶俊　李富根　张宏军
赵学平　王新全　杨桂玲　吴声敢　徐学万
吴华龙　朴秀英　虞　冰　陈卫宇　王彦华
赵慧宇　齐沛沛　汪志威　邹秀琴　孔樟良

成果主要亮点：

草莓、葡萄、杨梅 3 种鲜食水果经济效益显著，是我国近年来迅速发展的特色农产品，也是我国广大农民经济收入的重要来源。然而，农药残留问题是影响 3 种水果质量安全的主要风险隐患因子，影响产业的健康发展和农民持续增收。在生产上农药登记品种少、盲目乱用情况存在，造成 3 种鲜食水果农药残留现象。在技术上，针对性残留限量标准、风险监测与风险评估等关键技术还较缺乏。项目组在相关项目支持下，历经 12 年攻关，在农药残留监测、农药多残留暴露评估和农药残留控制等关键技术上取得显著成效，实现了技术成果的标准化推广应用，促进了 3 种鲜食水果提质增效。

主要成果如下：

1. 自主研发了高效样品前处理、手性农残异构体痕量分离分析、农药特异性萃取及分子印迹 - 电化学传感器等精准、快速检测技术 6 套，提高了鲜食水果中农药残留检测效率和灵敏度；创建了 138 种隐性农药成分的精准筛查技术和23种农药现场定性识别技术，为农业投入品中农药残留隐性成分识别提供了技术支撑；探明了农药残留是鲜食水果质量安全的主要风险隐患。

2. 揭示了3种鲜食水果中高频检出农药的多元组合对非靶标生物个体、组织和细胞水平的混合毒性效应及致毒机制，明确了Mnsod等7个基因可作为联合毒性效应早期预警指标，为农产品中农药复合污染的风险预警提供了科学依据；首次获得杨梅膳食消费数据，开展杨梅中农药多残留膳食暴露评估；建立了不同作用机理的农药多残留联合暴露的风险评估模型，率先提出了杨梅生产中不建议使用的农药负面清单，以降低多农药残留带来的膳食风险。

3. 提出了3种鲜食水果主要病虫害整体安全用药方案，提出农药使用的正负面清单，制定用药建议团体标准3项，取得了5种农药在草莓和葡萄上的使用登记；提出了氟吡菌酰胺等40种农药在草莓等水果中的最大残留限量45项建议值，已被食品安全国家标准《食品中农药最大残留限量》（GB 2763）采纳；以农药残留关键控制技术为核心，建立了风险监测、风险评估、风险控制、精准施策质量安全管控技术体系，编制农残控制关键技术模式图3套，研发安全生产技术应用软件3套，建立互联网+技术推广模式，加快了成果转化应用。

4. 管控技术体系应用后，取得鲜食水果产品安全提质增效效果，该技术体系为3种鲜食水果质量安全监管提供了浙江经验。

成果获得国家发明专利授权3件，实用新型专利2件；软件著作权4项；颁布团体标准3项；45项农药残留建议值被食品安全国家标准GB 2763采纳；5种农药获得正式登记；发表论文84篇，其中SCI论文15篇，出版专著6部；建立了互联网+的技术推广模式。2017—2018年来，该成果在浙江、江苏、陕西等省累计应用面积257.06万亩，取得了显著的社会、经济和生态效益。

成果 3

草莓安全生产与风险管控系列作品

主要完成单位： 浙江省农业科学院　农业农村部农药检定所
中国农业科学院农业质量标准与检测技术研究所

主要完成人员： 赵学平　张宏军　吴声敢　徐学万　宋　雯
虞轶俊　安雪花　王小骊　俞瑞鲜　戴　芬
苍　涛　黄　岚　贠和平　陈丽萍　徐明飞
蒋金花　柳新菊　吕　露　周伟男

成果主要亮点：

草莓是我国农业特色产业之一。近年来，草莓中农药残留问题时有报道，“空心草莓”“草莓农残超标致癌”等舆情引起关注，制约了我国草莓产业健康发展，也凸显出当前草莓安全生产知识的知晓率和普及率较低。在公益性行业（农业）科研专项课题等项目支持下，项目组以保障草莓产品质量安全为核心，以良好农业规范操作和质量安全风险管控为抓手，创作草莓安全生产与风险管控系列科普作品，包括科普图书《草莓安全生产技术手册》《大棚草莓良好农业规范（GAP）栽培指南》和《草莓全产业链质量安全风险管控手册》及科普视频《草莓长得怪怪的，怪我咯？》，通过 1+N 科普新模式，正确引导舆论，规范草莓安全种植。

作品创建了草莓质量安全应用技术体系。在总结草莓安全生产技术研究成果基础上，以动漫视频、科普图书、模式图等多媒介的表现形式，通过政府 + 协会 + 生产基地等多种渠道，向生产者和消费者普及草莓安全生产和风险管控知识。

作品以卡通漫画形式普及草莓安全知识。精准运用动漫创作手法，手绘原创卡通漫画 68 幅，创新展现载体——动漫科普视频来全面解析草莓全产业链风险隐患及关键控制技术，集科学性、知识性、实用性、可读性及趣味性于一体，实现科学知识的有效传播。

作品建立了1+N草莓安全生产科普模式。以科普图书为核心，集成创新了1（科普图书）+N（手机App+微信公众号+科普视频+模式图等）相结合的科普模式，使生产者和消费者找得到、看得懂、学得会、记得牢、用得上，有效覆盖不同需求和年龄段的受众，为未来科普工作提供了新思路和新模式。

成果 4

介导抗生素最后防线药物替加环素耐药的新型基因的发现及功能解析

主要完成单位：江苏省农业科学院　　中国农业大学

主要完成人员：何　涛　　魏瑞成　　王　冉　　龚　兰　　汪　洋
沈建忠

成果主要亮点：

替加环素是治疗多种“超级细菌”的新型甘氨酰四环素类抗菌药物，被称为人医临床“抗生素最后一道防线”，其临床耐药率一直保持较低水平。然而，近几年动物源细菌耐药性监测中发现了高水平的替加环素耐药菌，其潜在耐药机制、临床影响及传播风险亟须阐明。

该研究通过基因克隆、分子对接和多谱学分析技术解析替加环素高水平耐药产生机理；通过小鼠感染模型评估新型耐药基因对临床治疗的影响；通过基因组学和流行病学回溯性研究揭示新型耐药基因的传播风险。研究发现两种新型替加环素耐药基因 *tet*（*X3*）和 *tet*（*X4*）通过作用于替加环素 C11α 位使其羟基化而丧失活性；新型基因可导致临床上替加环素对携带该类耐药基因病原菌感染治疗的失败；*tet*（*X3*）和 *tet*（*X4*）位于多重耐药质粒上，其转移性强，宿主广泛，目前已在国内多个地区的动物、动物性食品和人医临床细菌上检出，动物源细菌流行率较高，具有沿食物链传播给人的潜在风险，并且兽用四环素类药物可能是其产生和传播的驱动力。

该研究在分子水平上解析了替加环素耐药机理，为后续新药研发和设计指明了方向。研究结果于 2019 年 5 月 27 日在线发表于 *Nature Microbiology* 杂志，并被遴选为该杂志 9 月封面文章。*Nature* 在线同期发表研究亮点，认为 *tet*（*X3/4*）的出现表明超级细菌的进化速度远远超出想象，预示着抗生素危机的到来；科技部报道：*tet*（*X3/4*）的发现对畜禽养殖业使用四环素类药物起到了警示作用，为药物添加剂退出计划提供了理论支持和科学依据。该研究成果入选“2020 中国农业科学十大进展”，是 2019 年我国农业科技前沿研究水平、取得重大突破性进展的基础科学研究成果的代表之一，将有力促进相关应用技术研究，进而保障我国粮食安全、生物安全、食品安全和农业可持续发展。

成果 5

农产品质量安全精准监管免疫检测技术研发与应用

主要完成单位： 江苏省农业科学院　江苏省农业农村厅
南京农业大学　浙江大学
华南农业大学

主要完成人员： 刘贤金　刘凤权　张存政　王玉龙　李　盼
刘贝贝　刘　媛　刘鹏琰　李　旭　万晓红
刁春友　吴　琼　徐振林　王　弘　孙远明
郭逸荣　朱国念　王鸣华　华修德　王利民

成果主要亮点：

为支撑农产品质量安全监管，实现对鲜活农产品质量安全检测的快速与有效性，破解快速检测、精准监管的技术困境，基于抗原抗体特异性结合反应的免疫检测技术在实时、现场筛查和大批量样本快速检测中的独特优势，本项目进行了技术研发与应用。

成果及技术要点如下：

1. 创新了基于抗原抗体识别机制的农药半抗原定向分子设计方法，提高了农药半抗原设计的合理性，为高亲和力抗体创制奠定了基础。利用分子模拟和计算化学等手段，明确了 44 种（类）农药分子上的免疫活性位点及其对抗体的靶向诱导作用；通过定量比较候选半抗原和靶标农药分子参数的相似性筛选出 40 种农药的最佳半抗原；针对共性结构农药，明确了半抗原设计要重点考虑结构的前线轨道能量及溶解度等因素，设计合成了 4 类农药的通用半抗原。

2. 创制了单克隆抗体、重组抗体、模拟表位、抗免疫复合体等高性能靶向生物识别材料，为建立农药残留免疫检测技术和研制快速检测产品提供了核心试剂。获得针对单个农药的单克隆抗体和重组抗体 31 种，亲和力常数达 10^7 mol/L 以上；创制出同时识别 2 种不同类别农药的双特异单克隆抗体；创制出同时识别 14 种二乙基有机磷、6 种二甲基有机磷、5 种菊酯和 6 种新烟碱类农药的“类”特异性单克隆抗体；创制出特异性识别单克隆抗体的模拟表位 5 种、重组模拟表位 2 种和特异性识别抗原抗体复合物的抗免疫复合体多肽 1 种，可用于替代单克隆抗体和化学合成的竞争抗原。

3. 创建了快速、灵敏、准确、可视化的农药残留免疫检测技术，研制并商业化生产快速检测产品，服务对单个农药残留的特异性检测和多种农药残留的同步检测。创建了免疫检测技术 9 种，灵敏度最高可达到 0.2 ng/L，与仪器检测结果的相关性在 0.95 以上。创建了环介导等温扩增、侧向层析免疫检测技术 3 种，对 8 种有机磷农药的最低检测限达 2 ng/mL。研发化学发光免疫、多阵列免疫芯片等检测技术 5 种，可同时检测不同类别农药。研制的农药残留金标试纸条检测限低于国家最大残留限量标准。

4. 研发技术在江苏省农产品质量安全监管部门进行了应用，取得较好效果，为我国农产品安全提供有效的监管手段。

获国家发明专利授权 31 件，实用新型专利 3 件，转让专利 3 件；保藏杂交瘤细胞株 13 个；发表论文 159 篇，其中 SCI 论文 121 篇；制定省级地方标准 2 项；研制快速检测产品 31 个，其中 11 个通过复核试验，20 个产品进入商业化生产。获江苏省科技奖一等奖（2017 年）、中华农业科技奖一等奖（2018 年）和中国植物保护学会科技奖一等奖（2016 年）。

成果 6

小麦镰刀菌毒素污染风险形成机制及管控关键技术研究与应用

主要完成单位：江苏省农业科学院农产品质量安全与营养研究所
江苏省植物保护植物检疫站
上海市农业科学院　　　南京农业大学
溧阳中南化工有限公司　　泰州市姜堰区农业农村局

主要完成人员：史建荣　徐剑宏　吴佳文　韩　铮　董　飞
梁　琨　祭　芳　仇剑波　陈文杰　刘　馨
张海燕

成果主要亮点：

镰刀菌毒素对人和动物具有生殖毒性、免疫毒性以及致癌性。本研究在解决小麦产品中镰刀菌毒素污染超标难题上取得了突破性进展，具体如下：

1. 研究产毒镰刀菌分型技术，揭示产毒化学型区域分布特征，为毒素污染风险研判提供关键科学依据。

2. 研究我国小麦毒素污染消长分布规律，明确关键控制点，为精准监管奠定核心基础。

3. 研究镰刀菌毒素精准识别与现场检测技术，支撑小麦收储运多场景快速筛查，服务小麦分级分类利用。

4. 研发了减毒降毒关键技术和产品，推动管控关口前移。

成果 7

生食果蔬中食源性病毒监测技术研究

主要完成单位：江苏省农业科学院

主要完成人员：谢雅晶　杜雪飞　李丹地　徐重新　陶婷婷

成果主要亮点：

食源性病毒是威胁食品质量安全的主要生物危害物之一。生食果蔬在生产、加工过程中易受到食源性病毒污染，其在供应链中长期存活，无法彻底消杀，存在安全风险，亟须开展生食果蔬中食源性病毒监测技术研究工作。本项目开展针对生食果蔬中食源性病毒污染的分子监测技术研究，建立多种果蔬及水样品中食源性病毒的监测方法；开发果蔬及水样品中食源性病毒宏病毒组测序方法；应用于南京市 2017—2018 年生菜中诺如病毒风险摸底排查。

主要技术要点如下：

1. 果蔬中食源性病毒监测方法，可用于诺如病毒、甲肝病毒、轮状病毒检测。

2. 水样品食源性病毒监测方法，成功富集、检测到诺如病毒、轮状病毒等多种食源性病毒。

3. 初步形成果蔬及水样品中食源性病毒的宏基因组检测方法，具高通量、涵盖面广等特点。

成果 8

农产品质量安全过程管控技术创新与集成应用

主要完成单位： 江苏省农业科学院
中国农业科学院农业质量标准与检测技术研究所
中国农业科学院油料作物研究所
中国农业科学院农产品加工研究所
南京农业大学
广东省农业科学院农业质量标准与监测技术研究所
四川省农业科学院农业质量标准与监测技术研究所
天津市农业质量标准与检测技术研究所
中国水稻研究所
上海市农业科学院

主要完成人员： 刘贤金　王　敏　孔　巍　王凤忠　岳晓凤
屠　康　郭永泽　张卫星　杨定清　万　凯
花日茂　宋卫国　吕岱竹　刘　馨　卢海燕
毛雪飞　邓义才　丁小霞　雷绍荣　孙爱东

成果主要亮点：

本成果针对农产品生产过程安全管控中存在的危害物关键控制点不清、常规保产技术保障安全效果不足、安全管控技术落地的标准化与配套性不够等问题，选择了 3 类危害物（真菌毒素、农药残留和重金属），开展全程管控技术体系构建研究与示范应用。

取得突出科技创新成果如下：

1. 首次揭示了聚焦生产过程的危害物发生关键控制点。揭示了小麦镰刀菌毒素 DON 污染分布规律，锁定了小麦发病初期、收获期带病籽粒为关键控制点；揭示了施用农药的原始沉积量对产品残留超标的关键影响，重点突出了农产品成熟后期关键危害控制点；探明了产地环境中镉污染本底与稻米中镉污染程度的非对应关系，明确了产地分区和水稻灌浆期是关键控制点。

2. 重点突破了针对危害物控制的安全管控核心技术。研发了收获后小麦病粒在线检测剔除关键技术；研发了豇豆等农产品中农药残留安全排序方法和清单，构建了连续采收农产品综合防控配套技术，重构了水稻全生育期保产药剂投入布局；建立了依据稻米镉含量的产地分区，构建小区域控制镉吸收配套技术。

3. 集成构建了全程管控配套技术体系。主持制定了过程管控技术通则标准和分类过程管控行业标准 10 项，制定最大农药残留限量值 59 个。研发了基于区块链的全程智慧管控平台及 App，研制体系应用配套现场检测、警示标识产品等。

成果被应用于全国农产品全程质量控制技术体系（CAQS-GAP），在 93 种种植业产品的 705 家生产基地示范推广，覆盖全国 26 个省区市，累积应用面积 8 308.18 万亩。成果完成论文 144 篇，其中 SCI 论文 32 篇，出版专著 2 部。授权发明专利 12 件，登记软件著作权 15 项，为推动我国农产品安全过程控制科技进步发挥了引领作用。

成果 9

微囊藻毒素新型抗体制备及快速检测产品研发

主要完成单位：江苏省农业科学院

主要完成人员：刘　媛　徐重新　林曼曼　刘　姝　张　霄
胡晓丹　仲建锋　卢莉娜　高美静　朱　庆
陈　蔚　谢雅晶　王玉龙　张存政　刘贤金

成果主要亮点：

微囊藻毒素（microcystins，MCs）是富营养化的淡水水体中常见的藻类毒素。目前报道的微囊藻毒素已有 279 种（其中以 MC-LR 已知毒性最强，急性危害最大）。除了通过饮用水进入人体外，MCs 还可积累在水生有机体中，据报道，鱼、软体动物和浮游生物都能积累大量毒素，通过食物链进入人体。

目前现行的 MCs 国标检测方法以液相色谱法为主，虽然方法具有较高的选择性，但也存在样品取样量较大、前处理方法复杂等问题。针对上述问题，本研究开展了 MC 新型抗体制备及免疫快速检测产品研制工作。

成果及技术要点如下：

1. 微囊藻毒素广谱识别单克隆抗体的制备及专利保藏。采用碳化二亚胺法将 MC-LR 与载体蛋白偶联作为免疫原及包被抗原，采用杂交瘤融合法筛选获得 1 株稳定分泌 MCs 广谱识别单克隆抗体的杂交瘤细胞株。该细胞株已在中国典型培养物保藏中心进行专利保藏。以该单克隆抗体为识别分子，建立 ELISA 检测方法，对 MC-LR 最低检测限为 0.22 ng/mL，线性检测范围为 0.95～15.34 ng/mL，并对 MC-RR、MC-YR 具有广谱识别能力。

2. 微囊藻毒素单链抗体构建及抗原表位预测。以 CCTCC No.C2019 杂交瘤细胞株为模板，构建鼠源 MC 单链抗体，并通过同源建模与分子对接，预测了 MC-LR5 号 Adda 氨基酸的羰基及苯环结构、4 号精氨酸的胍基为关键抗原表位，并首次展示了 MC-LR 与其单链抗体的结合模式。

3. 高亲和力微囊藻毒素纳米抗体筛选与检测方法建立。分别采用 MC-LR 与钥孔血蓝蛋白和牛血清白蛋白为筛选抗原，从驼源天然噬菌体纳米抗体库中获得 3 株 MC-LR 识别抗体，并在 *Escherichia coli* BL21 中进行可溶性表达。以纳米抗体建立的 IC-ELISA 法对 MC-LR 最低检出限达到 0.06 μg/L。

4. 检测产品的应用。目前本研究建立的 MC 免疫检测方法及试剂盒产品已在饮用水、水产品及藻类肥料样品中 MC 快速筛查检测中得到了应用。

本研究获得专利保藏杂交瘤细胞株 1 株，完成 3 种基于单抗、单链抗体及纳米抗体的微囊藻毒素检测方法，并研发了相应的 ELISA 检测试剂盒产品，获得 MC 抗原表位分析数据。发表研究论文 5 篇（SCI 收录 4 篇），申请发明专利 1 件。

成果 10

智慧农业安全生产管理云平台

主要完成单位：江苏省农业科学院

主要完成人员：孙爱东　卞立平　孙晓明　卢海燕　刘贤金　白红武

成果主要亮点：

通过互联网、区块链、物联网、深度溯源、安全生产管控模型等信息技术，搭建基于 SAAS 的智慧农业安全生产管理云平台，帮助规模化农业企业、现代农业园区快速建立一套农业信息化平台，促进农产品提质增效、规范质量安全管理、提升管理效率和技术水平，打造互联网 + 农业的生产管理新模式。

本平台包括了信息展示查询、区块链溯源、标准化过程管理、物联网应用、农产品质量安全大数据、智慧农业仓储管理、质量安全评价与检测、专家技术支持 8 项核心功能应用子系统，采用分布式服务架构进行搭建，具有良好的可维护性和可扩展性。

其技术创新性主要体现在以下 3 点：

1. 农业标准化过程管控。基于专业的农作物生产管理标准模型和 GAP 全过程质量安全管控体系，建立管理模型，并依据相关智能管控算法，对产品生产加工全环节进行智能化管理，指导企业科学排产、规范生产、合理用肥、安全用药，用现代信息技术，提高农业生产管理效率，降低管理成本。

2. 基于区块链的深度溯源技术。基于区块链技术的农产品溯源，能大大提高溯源数据的可靠性，并提升农产品价值和科技含量。深度溯源技术通过多维度数据采集和生产管理信息化，将数据与数据之间通过科学精确的模型和算法实现自动关联、绑定。该技术能将全环节投入品、业务操作、人员信息、环境、检测数据等信息自动组装，为消费者、管理者、监管者等角色提供完整溯源信息链，解决传统溯源各环节数据孤立、易被篡改等问题，打造诚信的质量安全追溯体系。

3. NBIOT+ONENET 物联网技术。相比传统物联网技术，基于 NBIOT+ONENET 的物联网技术覆盖面广、连接数量大、功耗低、成本低，且能够大大提高物联网设备兼容性、提升系统性能、降低系统开发成本。通过自动采集农业生产中各项环境数据和视频图像信息，与追溯系统、生产管控系统等结合，实现预警推送、实时监控、远程控制等功能，降低管理成本，提高生产管理效率和水平。

成果 11

牛奶中重要人畜共患病原菌的噬菌体裂解酶生物防控技术及其应用

主要完成单位：江苏省农业科学院

主要完成人员：王　冉　　张莉莉　　孙利厂　　庞茂达　　王合叶

成果主要亮点：

人畜共患病原菌污染是牛奶质量安全的重要隐患，对消费者健康构成潜在威胁。养殖环境、饲料、水源及粪便等均可能是牛奶中人畜共患病原菌的潜在污染源。本成果在国家自然科学基金等项目支持下，经过 6 年时间多单位联合攻关，形成了覆盖牛奶供应链的人畜共患病原菌防控技术成果。

本成果系统监测了牛奶中以及牛奶生产各环节中流行的人畜共患病原菌情况，构建了牛奶中人畜共患病原菌谱，明确了高风险菌株及其污染环节；研制牛奶病原菌的基于荧光 PCR 的农业行业标准，研制出基于噬菌体及其裂解酶的人畜共患病原菌防控技术，为牛奶生产和加工过程提供全程质量安全控制技术。

技术要点如下：

1. 构建了牛奶中人畜共患病原菌污染谱，明确了牛奶中高风险的人畜共患病原菌及其污染关键环节，为牛奶中重要人畜共患病原菌污染防控提供了关键控制点。

2. 研发的安全高效生物消毒剂——噬菌体生物消毒剂有效降低奶牛饲养环境中金黄色葡萄球菌、无乳链球菌和大肠杆菌等病原菌 92.1% 以上载量。

3. 研发的基于噬菌体及其裂解酶的防控技术，能有效裂解耐药菌，显著降低奶牛乳房炎发病率，减少兽药使用量。

成果 12

水稻病虫害全程简约化防控技术集成与推广

主要完成单位：江苏省农业科学院

主要完成人员：余向阳　朱　凤　束兆林　张　国　程金金

成果主要亮点：

针对水稻病虫害灾变规律新特点、农药减量化新要求和水稻高质高效生产新标准，在分析江苏稻区水稻病虫害发生规律及农药运筹策略的基础上取得了以下主要成果：

1. 创建了前期种苗处理预防、中期有害生物综合调控、孕穗后绿色减量用药的"前防、中控、后保"水稻病虫害减量化安全防控新策略，减少水稻全程农药用量和防治次数。

2. 研发了适宜不同区域的长效防控前中期病虫害的种苗处理技术，制定省地方标准 5 项，完善并获授权种子处理剂及相关技术发明专利 5 件，开发新型种子处理复配剂产品 2 个，种苗处理技术可减少移栽后到破口抽穗期用药，促进病虫害源头压制。

3. 建立了抗药性监测、农药有效性监测和穗期用药风险评价技术体系，形成基于品质和质量安全的低残留风险穗期病虫绿色用药技术，显著降低稻米农药残留检出率，提升稻米营养品质。

4. 开发了江苏省稻麦重大病害监测预警系统等平台，服务于水稻病虫害监测智能化、趋势预警精准化、信息发布网络化。

5. 针对江苏水稻螟虫发生分布特点以及优质水稻生产病害风险控制要求，完善了"一防二压三诱"生态调控技术。

6. 集成了适应苏南、苏北和苏中地区不同病虫害发生特点的全程简约化防控技术体系 3 套。

7. 创建了以"农企合作"和"水稻全程承包（专业化统防统治）"的

推广协作机制。

8. 2 项技术被列入 2017 年和 2018 年省主推技术，发布规范 6 个。2017—2019 年，建立绿色防控示范区 1 465 个，核心面积 270 万亩，示范区农药用量减少 30% 以上。水稻农药用量持续下降，取得较好经济、社会、生态效益。

成果 13

养殖业兽药抗生素的农田环境风险及管控关键技术研究与应用

主要完成单位：江苏省农业科学院　　生态环境部南京环境科学研究所

主要完成人员：魏瑞成　何　涛　王　娜　龚　兰　李　俊　王　冉

成果主要亮点：

耕地质量是实现生态优先、绿色发展的重要保障。畜禽粪肥是保持耕地持续生产力的重要肥料投入品，但养殖用药问题造成抗菌药物及耐药基因在集中施用的蔬菜农田土壤中释放与迁移，以及在食用农产品种植链上的富集与传播，影响产地质量和优质农产品供给安全。

本成果针对养殖－蔬菜种植链中兽药抗生素污染，从抗生素的快速精准识别、环境风险评价、高效去除及全程管控技术方面，进行了联合攻关研究，实现了养殖－种植循环中兽药抗生素污染防控从被动到主动的转变，推动了农产品生产链上抗生素检测和防控技术进步。

技术要点如下：

1. 创新研发我国养殖－种植循环中兽药抗生素的高通量精准识别技术和配套装置。创建了粪肥、土壤和蔬菜中多兽药抗生素精准筛查技术，发明了方法配套的提取装置，实现 30 余种抗生素同步检测，用于农产品风险评估和产品监测。

2. 阐明了养殖－种植链中兽药抗生素污染变化规律，首次构建了环境风险评估技术体系，探明了生产过程关键控制点。建立养殖－种植链中兽药抗生素污染数据库，揭示四环素类和喹诺酮类污染情况；根据面源污染情况，系统构建了我国首个养殖业兽药环境风险评估技术的行业标准；系统研究了不同要素对污染产生的影响，锁定养殖端、粪污处置端为关键控制点。

3. 研发了抗生素控制关键技术和产品，集成创新，创建了全程管控技术体系。研发了裂解性噬菌体的环境生物消毒剂，研发沼液厌氧处理、好氧堆肥处理等抗生素降解技术；构建养殖－种植链“兽药抗生素全程管控技术体系”，制定团体标准和行业标准，提高畜禽粪肥及施用农田环境与蔬菜产品的减抗效果。

成果 14

《紫穗玉米花青素测定　分光光度法》标准研究

主要完成单位：吉林省农业科学院
农业农村部农产品质量安全风险评估实验室（长春）

主要完成人员：魏春雁　张之鑫　武　巍　杨　建　王巍巍
王　莹　张国辉　樊慧梅　刘笑笑　马　虹

成果主要亮点：

紫穗玉米因富含花青素类成分使其具有强视力等保健功效而受消费者青睐。花青素含量自然成为衡量紫穗玉米品质的一项重要参数，建立一个准确可靠、操作简便、成本低廉的紫穗玉米花青素含量测定方法，对基层玉米生产单位、加工单位、经销单位及时掌握并向消费者展示产品品质及育种机构对优质玉米品质研究工作都具有十分重要的技术支撑意义。

国内唯一所见同类标准《植物源性食品中花青素的测定　高效液相色谱法》（NY/T 2640—2014），仅规定了植物源性食品中的飞燕草素、矢车菊素、矮牵牛素、天竺葵素、芍药素和锦葵素共 6 种花青素的高效液相色谱测定方法。研究本标准，目的是建立测定紫穗玉米花青素总量的可靠方法，提供准确的检测数据，从而帮助玉米生产和加工企业合理进行玉米深加工和科学管理，为人们饮食健康提供理论依据。

标准分为 12 个部分。包括范围、规范性引用文件、术语和定义、原理、试验条件、试剂或材料（试剂材料的名称、CAS 号、等级和纯度等信息）、仪器设备（包括仪器设备名称、精度、技术要求等）、样品（包括不同类型样品制备方法、贮存条件）、试验步骤（包括样品溶液制备、标准曲线测定、样品溶液测定等）、试验数据处理、精密度（包括重复性和再现性要求）、附录（样品参考称样量）。

技术要点如下：

1. 样品粒度及样品保存条件符合标准要求。

2. 浸提剂、浸提体积、浸提时间及温度控制在标准规定的范围内。

3. 所用试剂材料纯度等级符合标准要求。

4. 仪器条件（波长选择）符合标准要求。

5. 标准系列溶液线性范围控制在标准规定的范围内。

6. 空白试验、平行试验、精密度、回收率等质量保证和控制措施对于控制试验结果的可靠性和准确性十分必要，试验过程中不可擅自简化或者省略。

成果 15

《黑木耳中多种农药残留量的测定　气相色谱 - 质谱 / 质谱法》标准研究

主要完成单位： 吉林省农业科学院
农业农村部农产品质量安全风险评估实验室（长春）

主要完成人员： 魏春雁　牛红红　宋志峰　何智勇　孟繁磊
张振都　蔡红梅　蔡玉红　樊慧梅　刘笑笑
仇建飞　马　虹

成果主要亮点：

黑木耳是吉林省具有地方特色的农产品，由于其含有多种营养成分，在国内市场享有较高声誉。

本标准的制定，可为吉林省黑木耳产品质量安全监管提供必要的技术支撑，为黑木耳产业健康良性发展保驾护航。

标准共分为 14 个部分。包括范围、规范性引用文件、原理、试验条件（规定了复现试验过程的条件）、试剂或材料（试剂材料的名称、CAS 号、等级和纯度等信息）、仪器设备（包括仪器设备名称、精度、技术要求等）、样品（包括不同类型样品制备方法、贮存条件）、试验步骤（样品前处理步骤包括不同类型样品提取、净化等，测定步骤包括仪器参考条件、定性测定、定量测定等）、试验数据处理（包括计算公式及数值修约要求等）、精密度（包括重复性和再现性要求）、定量限和回收率、质量保证和控制、试验报告、附录（包括空白基质提取液制备方法、农药的色谱和质谱信息等）。

技术要点如下：

1. 试验的温度和湿度需控制在标准规定的范围内。

2. 所用试剂材料纯度等级符合标准要求。

3. 所用仪器的性能、技术规格满足规定要求。

4. 样品的保存条件符合要求，不能发生变质。

5. 样品前处理中，需注意不能随意改变料液比例、温度和时间等关键参数。

6. 仪器条件可根据自己实验室现有仪器设备情况进行调整和优化。

7. 空白试验、平行试验、加标回收试验等质量保证和控制措施对于控制试验结果的可靠性和准确性十分必要，试验过程中不可擅自简化或者省略。

成果 16

发明专利“肠膜明串珠菌肠膜亚种、制备方法和应用”

主要完成单位： 吉林省农业科学院
农业农村部农产品质量安全风险评估实验室（长春）

主要完成人员： 刘笑笑　魏春雁　宋志峰　华晶忠　金永梅
李姝睿　段翠翠　樊慧梅　仇建飞　孟繁磊
张之鑫　马　虹　杨　建　王　莹　王　嵩

成果主要亮点：

肠膜明串珠菌是一类兼性厌氧、无芽孢、革兰氏染色阳性细菌，是乳酸菌中明串珠菌属的重要菌种，主要存在于牛乳、蔬菜、水果、自然发酵的乳制品、泡菜等多种传统发酵食品中。

近年来，通过补充对人和动物体有益的活菌制剂来恢复肠道正常菌群的生态平衡，从而抵御病原菌定植侵袭的微生态疗法正在引起愈来愈多研究人员的关注。

肠膜明串珠菌是具有较大开发潜力的乳酸菌，且应用较广，在很大程度上可以提高产品的感官质量和功能性效果，可直接应用于食品工业领域。

本发明揭示了一株肠膜明串珠菌肠膜亚种及其应用。该肠膜明串珠菌肠膜亚种具有高产酸能力和降解亚硝酸盐能力，耐盐和耐酸碱，在提高产品营养品质的同时又能够延长产品贮藏期。以人工接种方式，将该菌株以1% 接种量接种樱菜，与自然发酵比，亚硝酸盐含量低且降解速度快，均在国家标准限量值以下；发酵周期缩短 7 天左右，乳酸菌数量多，有效抑制有害菌生长，食用安全性更高。该发明专利有利于泡菜产业的发展，具有广阔的市场前景。

技术要点如下：

1. 菌株制备方法。在 MRS 固体培养基中加 30 μg/mL 万古霉素，采用平板划线法，30℃有氧倒置培养 48 h 分离纯化与鉴定（形态特征、生理生化试验和分子鉴定），有效筛选出目标菌株。

2. 菌株特性研究。该菌株对 150 μg/mL 亚硝酸盐 24 h 降解率为 95.92%。最适生长温度 30℃，最适生长 pH 值 6.0，14 h 生长进入稳定期，12 h pH 值降至 4.60。研究表明，该菌株具有良好的降解亚硝酸盐能力、生长特性、产酸能力。

成果 17

《人参床土中腐霉利等 9 种农药残留量的测定 气相色谱法》标准研究

主要完成单位：吉林农业大学
农业农村部参茸产品质量监督检验测试中心

主要完成人员：赵　丹　　李月茹　　许煊炜　　孟欣欣　　张　敏

成果主要亮点：

吉林省是我国主要的人参产地，在国内和国际上都具有非常重要的影响力和知名度。目前我国的人参大多数都是人工栽培的，即园参。园参对土壤要求十分严苛，在播种前通常会对土壤进行除草、灭菌和杀虫。为防止人参发芽时受病虫侵染，在播种前通常对人参种子进行杀虫剂和杀菌剂拌种，由于人参生长周期长、对土壤营养物质要求高，使旧参地不能连作、栽培面积逐年减少、收获年限过长，长年易受病、虫、草害的影响，造成了人参产量的减少并且影响了人参品质，同时降低人参的药用价值。

本标准制定的目的，在于根据人参土壤中农药残留检测方法学研究的成果，建立用气相色谱法同时测定人参土壤中腐霉利等 9 种农药的残留量，包括除草剂、杀菌剂和杀虫剂。

本标准的制定进一步完善了吉林省人参的标准体系，为人参生产企业在生产前的土壤质量测试保证安全生产提供重要的技术支撑，为人参产品质量溯源提供了有效的技术手段。

成果 18

《人参中苯醚甲环唑等 9 种杀菌剂残留量的测定　气相色谱串联质谱法》标准研究

主要完成单位： 吉林农业大学
农业农村部参茸产品质量监督检验测试中心

主要完成人员： 赵　丹　　李月茹　　许煊炜　　王艳红　　任谓明

成果主要亮点：

我国是世界人参生产大国，产量占世界的 70% 左右。2012 年 8 月 29 日，卫生部批准人参（人工种植）为新资源食品，标志着人参正式进入了食品领域，其产品质量安全的受关注度越来越大。人参生长期较长，一般从播种至收获需要 3～6 年的生长期，且人参对生产条件要求较高，在整个生育过程中极易遭受病害的侵袭，造成人参减产甚至绝收。当前化学农药仍是防治人参病害最有效的手段，而在人参所使用的化学农药中绝大部分也是杀菌剂。

本标准制定的目的在于根据人参中农药残留检测方法学研究的成果，建立用气相色谱串联质谱法同时测定人参中苯醚甲环唑等 9 种杀菌剂的残留量。

本标准的制定将进一步完善吉林省人参的标准体系，对规范吉林省人参病害防治，降低吉林省人参产品农药残留量，具有重要意义，为正确评价人参产品质量提供技术支撑。

成果 19

《人参中噻菌灵等 20 种农药残留量的测定　液相色谱串联质谱法》标准研究

主要完成单位：吉林农业大学
农业农村部参茸产品质量监督检验测试中心

主要完成人员：许煊炜　李月茹　赵　丹　孟欣欣　逯　洲

成果主要亮点：

该标准研究填补了吉林省乃至全国范围内利用液相色谱串联质谱法对人参中涕灭威亚砜、涕灭威砜、灭多威、噻虫嗪、吡虫啉、3-羟基克百威、啶虫脒、涕灭威、噻菌灵、克百威、甲萘威、乙霉威、烯酰吗啉、除虫脲、灭幼脲、甲氨基阿维菌素苯甲酸盐、二甲戊灵、氟啶脲、哒螨灵和阿维菌素 20 种农药残留量测定的方法空白。对规范吉林省人参病害防治，降低吉林省人参产品农药残留量，有效保障吉林省人参的规范化生产和产品的质量安全具有重要意义。

成果 20

奶及奶制品质量安全控制关键技术研究及推广

主要完成单位： 山东省农业科学院农业质量标准与检测技术研究所

主要完成人员： 赵善仓 董燕婕 范丽霞 王 磊 张树秋 邓立刚

成果主要亮点：

本项目主要技术措施如下：

1. 研究生鲜乳质量过程控制关键因子，推进解决生鲜乳质量技术难题。

2. 开发生鲜乳安全过程控制关键风险因子系列检测方法；建立生鲜乳中兽药残留和违禁添加物的检测技术体系；研发饲料中主要霉菌毒素和高风险农药残留的同步检测技术。

3. 构建饲料及生鲜乳质量安全风险因子数据库，建立风险评估技术体系与兽药残留危害分级及预警体系，制定关键点控制技术规范并应用于生产，为提升生鲜乳质量安全水平提供技术支撑。创建生鲜乳质量安全数据库，揭示奶及奶制品质量安全的现状和时空变化规律；创建生鲜乳质量安全风险评估技术体系，明确影响生鲜乳质量安全的关键控制点；创建生鲜乳兽药残留预警技术体系，实现饲料－生鲜乳生产链的全程风险控制。

4. 开展巴氏杀菌乳和 UHT 灭菌乳中复原乳检测工作，建立生鲜乳营养功能物质评价技术体系，推进国家优质乳工程技术在山东实施，促进山东奶业从安全向优质转型升级。

本项目取得主要成果如下：

1. 获发明专利 4 件，实用新型 7 件，软件著作权 4 项；发表论文 13 篇，其中 SCI 收录 4 篇。

2. 建立的优质生鲜乳生产技术规程、系列风险因子检测技术、评估预警体系及全程风险控制体系在济南、潍坊、泰安等相关质检机构和乳品生产企业广泛应用。

成果 21

四川主要即食生鲜果蔬中食源性病原微生物污染评价与防控应用

主要完成单位：四川省农业科学院分析测试中心

主要完成人员：代晓航　魏　超　郭灵安　雷绍荣　宋　君

成果主要亮点：

即食生鲜果蔬是一类以生食为主要消费模式的特殊果蔬产品，极易受到病原微生物污染，国内外由即食生鲜果蔬引发的食源性疫情屡见不鲜，危害人体健康的同时给农民造成经济损失。项目针对四川即食生鲜果蔬中食源性病原微生物污染不明确、生食消费存在致病隐患等突出问题，经过8年系统性研究，取得了以下突破性研究成果。

1. 项目持续8年对四川具有代表性的10种即食果蔬采用生化、飞行时间质谱、16S rDNA和宏基因组测序等方法进行靶向和非靶向食源性病原微生物筛查，摸清了四川主要即食生鲜果蔬中食源性致病微生物种类、分布以及危害程度，优化创新了果蔬微生物研究与检测样品前处理方法。

2. 创建了即食生鲜果蔬中食源性病原微生物蛋白质指纹图谱查询及溯源数据库；建立了芽苗菜中蜡样芽孢杆菌和沙门氏菌的预测生长模型；明确了芽苗菜、草莓从生产到消费全过程食源性病原微生物防控的关键控制点并研制出相应的食源性病原微生物有效消洗方法。

项目申请专利5件，授权发明专利1件，申请软件著作3项，授权1项；发表论文21篇，其中SCI论文2篇、中文核心期刊19篇。

项目成果填补了四川即食生鲜果蔬在食源性病原微生物污染评价与防控应用方面的空白。为提升四川农产品质量安全水平、提升生物类公共安全事件的风险预警能力发挥了重要作用。

成果 22

一种柑橘土壤的采集装置及方法

主要完成单位：重庆市农业科学院

主要完成人员：孟　霞　冯建永　柴　勇　褚能明　龚久平
向　嘉　李典晏　张雪梅

成果主要亮点：

土壤样品的采集对环境及农业研究来说存在着普遍性。而土钻作为一种采样工具，在采集土壤样品，尤其是剖面土壤样品时应用极为广泛。目前传统的土钻均由转筒和手柄两部分组成，在采集时由操作人员给土钻施加向下或向上的作用力而使土钻进入或退出土壤完成采样。

本发明的目的，一方面在于提供一种柑橘土壤的采集装置，可以一次性采集不同深度的土壤样品，并能够避免不同深度的土壤样品之间发生污染，使土壤样品的采集更加准确、方便；另一方面在于提供一种柑橘土壤的采集方法，使用上述采集装置，操作更加简单、方便，可一次性垂直采集不同深度的土壤样品，使土壤样品的研究更有价值。

本柑橘土壤的采集装置包括：采样端、采样杆、采样板和多个采样瓶。采样端一端设置于采样杆，另一端朝向远离采样杆的方向延伸。采样杆为中空的圆柱状，多个采样瓶沿采样杆的轴向间隔设置且位于采样杆内，每个采样瓶的瓶口贯穿采样杆的杆壁。采样板用于封闭每个采样瓶的瓶口且滑动设置于采样杆。

采集方法包括如下步骤：①将采样端垂直插进柑橘土壤中并使采样杆中设置有采样瓶的区域没入柑橘土壤中；②朝向远离采样端的方向滑动采样板，将每个采样瓶的瓶口封住，将上述柑橘土壤的采集装置从柑橘土壤中取出；③朝向采样端的方向滑动采样板，将每个采样瓶的瓶口封住，采集装置从柑橘土壤中取出。

成果 23

一种高效液相色谱串联质谱法检测蚯蚓体内 CYP2C9 酶活力的方法

主要完成单位： 重庆市农业科学院

主要完成人员： 杨晓霞　　龚久平　　李必全　　柴　勇　　刘剑飞

成果主要亮点：

细胞色素 P450（CYP）酶是同工家族酶，通过非共价键结合血红素中的铁离子传递电子氧化异源物，增强异源物质的水溶性，使其更容易排出体外，从而起到解毒作用。其中 CYP2C9（人体肝脏中重要的 CYP 亚酶之一）约占 CYP 酶总量的 12%。目前，CYP 亚酶作为环境毒理学指标已在水生生物中得到较多研究，然而在土壤无脊椎生物（如蚯蚓）中的研究较少。目前涉及蚯蚓体内 CYP 亚酶活力的测定，多采用探针底物法，即采用某化合物作为底物，利用荧光光度计、紫外分光光度计或液相色谱仪紫外检测器检测特异代谢产物，通过代谢产物的生成量来反映 CYP 亚酶的活力。然而，荧光光度计与紫外分光光度计无法有效分离探针底物和代谢产物，液相色谱仪 - 紫外检测器的灵敏度较低。CYP 亚酶本身是一类血红素酶，血红素的存在会严重干扰荧光光度计或紫外检测器的测定。相比于哺乳动物，蚯蚓的生物量小且没有肝脏，其体内的 CYP 亚酶含量非常低，已发表文献中常见报道蚯蚓 CYP 亚酶检测失败这一结果。

本成果采用高效液相色谱串联质谱法（HPLC-MS/MS）测定 4 ′- 羟基双氯芬酸的生成量评价 CYP2C9 酶活力。将解剖蚯蚓后取得的内脏，经清洗后转移至盛有 4 mL 匀浆缓冲液的组织研磨器中均匀破碎，并将匀浆体积定为 6 mL。将此匀浆液通过差速离心法取其微粒体后，用 3 mL 保存缓冲液重新悬浮，制得蚯蚓微粒体蛋白悬浮液。将 100 μL 悬浮液，加入含孵育体系 650 μL 及 250 μL 探针底物双氯芬酸钠（100 μmol/L ）中，37℃孵育 20 min 之后用甲醇中止反应。离心 10 min 后，保留上清液并经 0.2 μm 滤膜过滤。所得滤液用于 LC-MS/MS 测定，采用 C_{18} 色谱柱，并用不同体积比的含甲酸（0.5%）水溶液和甲醇作为流动相进行梯度洗脱，然后在电喷雾正离子源和多反应监测模式条件下，用串联质谱法检测代谢产物的生成量。

该成果优化了 4′- 羟基双氯芬酸与双氯芬酸的仪器条件，确定了蚯蚓体外孵育中微粒体添加量与产物生成量的关系，建立了基于探针底物法的 HPLC-MS/MS 研究蚯蚓体内 CYP2C9 酶活力的方法，为探索 CYP 亚酶活力作为生物标记物诊断土壤污染提供了可能。

成果 24

国家重要农业资源台账制度建设研究

主要完成单位：中国农业科学院农业资源与农业区划研究所

主要完成人员：张　华　　王道龙　　陈仲新　　屈宝香　　罗其友

成果主要亮点：

1. 首次构建了国家重要农业资源台账制度建设框架。

2. 重要农业资源台账指标体系研究（1 本账），研究建立了农业水、土、气、生、废弃物资源及社会经济资源六大类指标体系。

3. 研究国家重要农业资源监测体系及其运行方案（1 套系统），提出了省、市、县、农户多级农用地、水、气候、生物、废弃物、社会经济资源监测网和遥感、统计与地面调查相结合的农业资源监测体系。提出了农户种养殖生产投入品、产出、废弃物资源等的指标体系，涵盖种植户、养殖户农业资源监测指标 100 余项。

4. 研制开发了多级多用户管理平台（1 个平台），包括台账汇交系统、管理系统、农户农业生产信息采集系统；实现多源、多尺度、多用户农业生产等资源数据汇交，管理与应用的有机结合，提升了农业资源管理精准化管理水平。

成果 25

农户级农业资源台账

主要完成单位：中国农业科学院农业资源与农业区划研究所

主要完成人员：张　华　　屈宝香　　李晓琳

成果主要亮点：

农户级农业资源台账是国家重要农业资源台账管理系统的重要组成部分，该项目的建设是在国家重要农业资源台账远程汇交系统建设的基础上进行的，是对农业资源台账监测形式与监测内容的重要补充，以移动 App 的形式，灵活实现农户监测点数据的实时填报。项目研发了农户级农业资源采集系统（App）和农户级农业资源管理系统，涉及农业生产中成本、效益、投入品、绿色发展等相关指标 100 余项。

成果 26

果品产后贮藏质量安全控制技术研究及应用

主要完成单位：中国农业科学院农产品加工研究所

主要完成人员：王凤忠　范　蓓　李敏敏　卢　嘉　金　诺

成果主要亮点：

围绕果品产后减损的重大需求，针对危害因子识别、品质劣变检测、保鲜与控制一体化的瓶颈技术，系统研究了全产业链控制核心技术和关键装备，取得重大原创性突破。

1. 建立了果品中危害因子识别技术。针对水果产后潜在危害因子，建立了化学计量学优化 -QuEChERS 灵敏、高效、快速多残留分析方法，实现了 pg 级水果中常见防腐剂多残留确证。

2. 建立了果品品质劣变高效碳量子点荧光快检技术。针对水果品质劣变快速检测高干扰技术瓶颈，研制了一种生态环保型荧光快检材料，突破常规碳量子点毒性高的弊端，实现了粒径小于 30 nm、具有良好相容性的水溶性 - 脂溶性碳量子点；基于高效碳量子点材料与保鲜剂特异性反应，研发了快速识别保鲜剂荧光探针，实现了秒级 1.0 μg/kg 痕量水平的品质劣变快速检测。

3. 研发了果品采后全程质量控制技术。针对水果品质劣变关键环节难追溯、关键因子难把控、全产业链难控制的技术瓶颈，瞄准了果品产后减损效果，开发了农产品收贮运风险控制措施查询系统，实现了精细化全产业链苹果等仁果类水果采后减损管控。

获授权国家专利 5 件，软件著作权 1 项，发表论文 4 篇，出版专著 1 部，获 2020 年度中国轻工业联合会科学技术奖二等奖。

成果 27

特色杂粮青稞品质调控关键技术研发与应用

主要完成单位：中国农业科学院农产品加工研究所

主要完成人员：王凤忠　范　蓓　王丽丽　佟立涛　张丽静

成果主要亮点：

围绕粮食提质增效的重大需求，针对青稞原料基础品质本底不清、加工专用品种缺乏、产品品质差等瓶颈问题，系统开展了青稞加工特性与加工适宜性评价、产业化加工关键技术研发与应用研究。

1. 创建了青稞加工适宜性评价技术。系统解析并表征了西藏地区不同品种青稞原料的特征组分、含量、结构等指纹信息图谱，构建了西藏地区优质青稞原料特性与产品品质的关联评价技术，筛选出优质加工专用品种6个。

2. 建立了青稞品质劣变关键调控技术。针对青稞产品加工及储藏过程中品质劣化的产业问题，开展在储藏过程中品质劣变活性酶对青稞米、面及面制品品质特性的影响研究，揭示了加工储藏过程中品质劣变机理，形成过热蒸汽杀菌灭酶技术装备1套。青稞粉中β-葡聚糖活性成分保留率达80%，较现行青稞制粉工艺提升40%以上，氧化酶活性降低80%左右，有效抑制了青稞产品哈败，保质期延长9个月以上。

3. 研发了青稞品质升级加工技术。针对目前青稞米加工过程中营养成分损失严重、出米率低的问题，研发了新型青稞脱皮、筛选分级技术，加工的青稞米新产品碎米率降低4个百分点。麸皮中淀粉含量较传统技术加工产品降低30%。

本成果获授权国家专利，获西藏自治区科学技术奖二等奖。

成果 28

便携式花生加工品质速测仪

主要完成单位：中国农业科学院农产品加工研究所
北京凯元盛世科技发展有限责任公司

主要完成人员：王　强　刘红芝　石爱民　田福成　赵思梦
于宏威

成果主要亮点：

针对传统化学检测花生加工品质指标价格昂贵、分析速度慢、现有近红外台式机不易携带等问题，为了满足花生加工企业、种植合作社对花生加工品质快速检测和育种专家单粒检测的需求，自主研发了便携式花生加工品质速测仪。基于花生品质基础数据，攻克了有效光谱提取技术难点，建立了同时检测 16 种氨基酸、O/L 值等加工特性指标高通量、实时快速近红外定量检测新技术。

便携式花生加工品质速测仪配有单粒花生检测配件和样品杯，依据不同类型花生尺寸分布范围及其与光斑的接触面积，确定单粒配件孔径尺寸分别为 24.50 mm × 12.50 mm 和 17.50 mm × 9.70 mm，厚度 4.00 mm，光斑尺寸 9.00 mm；研究了不同厚度材料对光谱强度的影响，样品杯底部设置 1 mm 特殊材料，反射率平均偏差由 0.23 降至 0.02，精准设计了单粒配件与样品杯，最大程度实现了对花生光谱数据的准确采集。经中国计量科学研究院检验，便携式高通量花生品质速测仪能准确检测花生品质指标，谱区范围 908～1 676 nm、光谱分辨率 7 nm、波长准确度优于 2 nm。通过与第三方权威机构国标方法检测数据比对，证实检测准确率大于 96.65%，检测效率是国标法的 300 倍，费用仅为其 1/52。

2018 年 10 月 8 日，“花生加工适宜性评价与提质增效关键技术创新及应用”通过了中国农学会组织的科技成果评价，专家组一致认为：成果整体处于国际先进水平，在花生加工特性指标的便携高通量快速检测技术设备方面达国际领先水平。该成果授权国家发明专利 3 件、实用新型专利 2 件、外观专利 1 件，制定农业行业标准 1 项，被选为 2019 年中国农业农村重大新装备。

成果 29

生鲜肉精准保鲜数字物流关键技术及产业化

主要完成单位： 中国农业科学院农产品加工研究所
北京市京科伦冷冻设备有限公司
江阴升辉包装材料有限公司　天津商业大学
河南农业大学　河南双汇投资发展股份有限公司
中国动物疫病预防控制中心（农业农村部屠宰技术中心）
南京农业大学

主要完成人员： 张德权　杨建国　李苗云　李　欣　杨　伟
马相杰　高胜普　申　江　章建浩　郑晓春
陈　丽　侯成立　赵改名　惠　腾　孟少华
周成君　关文强　刘　欢　许君尉　方　菲

成果主要亮点：

生鲜肉是我国肉类消费的主体，在加工贮藏流通过程存在品质劣变快、损耗大、能耗高的突出问题，严重制约肉品保供、绿色发展。本成果聚焦生鲜肉品质靶向调控机制、精准保质保鲜技术、数字物流设备研发，取得系列突破。

1. 创新了宰后早期控僵直，靶向抑菌防腐败的生鲜肉保鲜理论，为精准保鲜物流奠定基础。提出了“保持生鲜肉品质关键在控僵直，控僵直关键在调控宰后早期能量代谢与蛋白质翻译后修饰”的新理论，发现并揭示了蛋白质翻译后修饰通过调控能量代谢关键酶活性而关联调控僵直，进而负向调控肉品质的分子机制；阐明了复杂环境下生鲜肉致腐优势菌群及其特征代谢物生物胺的消长机制，构建了不同温度下基于生物胺的生鲜肉腐败精准动态预报模型，预测准确率达 90% 以上。

2. 研发了宰后早期超快速冷却、冰温 / 超冰温贮藏、生鲜肉专用包装等精准保质保鲜技术，解决了损耗大、货架期短的难题。研发了宰后早期超快速冷却、冰温 / 超冰温贮藏、冷冻抑僵直新技术和电场辅助解冻技术，阻断了宰后僵直发生，损耗由 8% 以上降至 3% 以下；明确了生鲜肉专用包装膜最低标准，发明了精准控温控量熔融挤出、在线电子束连续交联等多层共挤制膜关键技术，开发了高阻隔、贴体、热收缩、活性四大系列 23 种生鲜肉专用保鲜膜材；研发了“超快速冷却 +”的柔性组合保鲜技术，生鲜肉货架期最长可达 120 天。

3. 研创了数字监控、数字立体冷库、品质数字监测等精准物流关键技术设备，补齐生鲜肉物流设备自控精度低、温度波动大、能耗高的短板。研建了全自动单 / 双级螺杆式并联机组制冷控制、冷库线下线上耦合数字化监控、物流配送数字化管控三大系统，构建了“云智冷”物联网监控平台，整体节能 30% 以上；创新深层植入式直膨地源热泵技术，发明了单级单一 CO_2 制冷技术和数字立体冷库；发明了生鲜肉多品质便携式近红外检测仪，研发了新鲜度量效可视化技术，构建了“互联网 +”的生鲜肉新鲜度和微生物可视化数字监测平台，实时同步监测 12 个品质参数。

获授权专利 49 件；制定国家标准 7 项、行业标准 6 项，以及团体、企业标准 17 项；发表学术论文 82 篇，出版专著 2 部。经中国农学会组织专家鉴定，成果整体技术处国际领先水平。

成果 30

薯类主食加工关键技术研发及应用

主要完成单位： 中国农业科学院农产品加工研究所
北京市海乐达食品有限公司
中国包装和食品机械有限公司
郑州精华实业有限公司　　东台市食品机械厂有限公司
四川光友薯业有限公司　　内蒙古娃姐食品有限公司
四川紫金都市农业有限公司

主要完成人员： 木泰华　孙红男　何海龙　张　苗　周海军
马梦梅　陈井旺　邹光友　王彦波　何贤用
高　娃　陈大贵

成果主要亮点：

马铃薯和甘薯是我国主要的薯类作物，种植面积和产量居世界首位。本项目针对我国薯类主食产业化过程中亟待解决的薯类主食原料成本高、加工适宜性差、薯类主食产品口感与风味单一、抗老化保鲜技术落后、货架期短等问题，系统开展薯类主食加工关键技术研发及应用。

主要创新点如下：

1. 创建了护色灭酶结合微波真空干燥生产薯类主食专用粉新技术，干燥时间缩短至薯类全粉的 17%，加工适宜性指标——黏度降至全粉的 76%；研发了微波真空干燥结合营养复配生产薯渣高纤营养粉新技术，成本降至薯类全粉的 59% 以下，总膳食纤维含量高达 13.08 g/100 g 干重。

2. 发明了适合薯类面团发酵的多菌种复合发酵剂，薯类馒头中主要香味成分醇、醛、酸类占总风味物质的比例达 67.65%。创新性地提出了基于物理改性或添加高直链淀粉改善薯类面团发酵性能的新技术，馒头中薯粉占比从 30% 提高至 80% 以上。

3. 发明了薯类主食产品抗老化复合酶制剂以及芽孢萌发剂 + 表面抑菌新型保鲜技术，常温货架期由 2 天延长至 10 天。

成果获授权国家发明专利 10 件，发表学术论文 16 篇，出版著作 6 部。由包括中国工程院院士在内的 7 位专家组成的成果评价专家组认为："我国薯类主食加工整体技术已达国际领先水平。"

成果 31

食品压差闪蒸组合干燥与休闲食品创制技术及产业化

主要完成单位：中国农业科学院农产品加工研究所

主要完成人员：毕金峰　易建勇　吕　健　金　鑫　陈芹芹　吴欣烨　李　旋　刘　璇　周　沫

成果主要亮点：

针对我国果蔬等食品干燥存在干燥效率低、产品品质不佳、高值化休闲食品品类少等瓶颈问题，揭示了食品压差闪蒸干燥机理，发明了食品压差闪蒸干燥工艺，明确了压差闪蒸干燥食品核心品质的形成机制，突破了压差闪蒸单一干燥、组合干燥和品质调控技术，创制了成套装备，开发了系列休闲食品，并实现了产业化。在国家项目和产业的大力支持下，历时15 年联合攻关，在压差闪蒸干燥理论体系构建、品质形成与调控、装备研发和休闲食品创制等方面取得突破，引领干燥行业向高效、节能和优质方向发展。

1. 揭示了食品压差闪蒸干燥机理，发明了食品压差闪蒸干燥工艺，推进解决传统干燥过程中因水分迁移慢导致的干燥效率低等问题。阐明了压差闪蒸过程中食品质构、色泽和风味的形成机制；明确了压差闪蒸干燥对食品营养功能物质结构与功能影响机制。

2. 创建了果蔬压差闪蒸干燥和品质调控技术，推进解决压差闪蒸干燥过程中出现的难干燥、易褐变、难膨化和香气淡等品质和能耗问题，促进了对传统休闲食品干燥工艺技术的革新。突破了基于缓冻煮糖联合压差闪蒸干燥的质构调控技术，产品脆度提高 30% 以上；发明了基于超声渗糖联合压差闪蒸干燥的色泽调控技术，产品褐变度降低 65.1%。

3. 创制了果蔬压差闪蒸组合干燥成套装备和果蔬脆片系列产品，实现了压差闪蒸技术装备的产业化，丰富了高值化休闲食品品类。创制了苹果脆片等共计 40 余种休闲食品；发明了以压差闪蒸 - 低温超微粉碎技术，解决了枣粉等高糖水果制粉过程中易粘结、易褐变问题。授权国家发明专利 34 件，制定农业行业标准 4 项；发表论文 200 余篇，出版专著 2 部；完成评价和鉴定科技成果 8 项，获得农业农村部农产品加工业十大科技创新推广成果 1 项，中国商业联合会科技进步奖一等奖 6 项；主要技术、标准及产品在全国 10 余家行业龙头企业推广应用。

成果 32

果蔬真菌病害及赭曲霉毒素精准防控技术及产业化应用

主要完成单位： 中国农业科学院农产品加工研究所
佛山科学技术学院　北京市农林科学院
中国农业大学

主要完成人员： 邢福国　王　刚　张晨曦　杨博磊　刘　阳
王　蒙　王刘庆　黄昆仑　许文涛

成果主要亮点：

我国果蔬采后易受真菌侵染，导致果蔬腐烂。一些曲霉和青霉属真菌可产生具有强毒性和潜在致癌性的赭曲霉毒素（OTA），被国际癌症研究机构列为 2B 类致癌物（IARC，1993），广泛污染果蔬等生鲜农产品，影响食品安全和人民生命健康。

本成果围绕果蔬真菌病害和赭曲霉毒素精准防控技术及产业化应用这一关键技术，阐明了 OTA 合成及环境调控的分子机制，创新了赭曲霉毒素及其产毒菌绿色防控技术并进行产业化应用。

技术要点如下：

1. 完善了果蔬赭曲霉及毒素形成及防控理论。团队率先建立了聚乙二醇介导的赭曲霉遗传转化体系，证明了聚酮合酶（PKS）基因 *AoOTApks* 是 OTA 合成的关键基因。通过比较基因组学、转录组学、分子生物学和分析化学等多学科结合分析与验证，最终解析出了赭曲霉中 OTA 的合成途径。以营养成分、水活度、渗透压、酸碱度具有显著差异的农产品为研究对象，解析了光照、营养元素、酸碱度调控赭曲霉中 OTA 生物合成的机制，阐明了益生菌、植物提取物等抑制果蔬霉菌生长和产毒的机理。

2. 研发了系列植物源防腐保鲜剂及果蔬霉菌防控保鲜技术。从上百种植物提取物中筛选获得能够高效抑制赭曲霉、黑曲霉、炭黑曲霉和扩展青霉等果蔬采后多发霉菌的 4 种高挥发性植物提取物，创制了 3 种复合植物源防腐保鲜剂。

3. 研发了异硫氰酸酯（AITC）防控葡萄曲霉腐烂技术。AITC 可抑制赭曲霉和炭黑曲霉的生长。AITC 可通过抑制 3 种真菌孢子萌发的形式，以及破坏 3 种真菌菌丝形态的方式来抑制 3 种真菌的生长，延长葡萄保质期。

4. 研发了果蔬产后真菌病害益生菌防腐保鲜技术。获得益生菌植物乳杆菌和短乳杆菌各 1 株，可高效防控赭曲霉、炭黑曲霉和黑曲霉等产毒菌对果蔬的侵染。在葡萄上应用发现，两株菌均可高效抑制采后曲霉菌的生长，延长葡萄保质保鲜期。

成果 33

花生加工黄曲霉毒素全程绿色防控技术及应用

主要完成单位： 中国农业科学院农产品加工研究所
农业农村部南京农业机械化研究所
山东农业大学　　青岛农业大学
山东鲁花集团有限公司　　青岛天祥食品集团有限公司

主要完成人员： 刘　阳　邢福国　李　旭　靳　婧　谢焕雄
刁恩杰　董海洲　杨庆利　宫旭洲　杜祖波
李　秋　于　强　于小华

成果主要亮点：

我国是世界上最大的花生生产、消费国，但黄曲霉毒素（AFs）污染是花生安全消费和出口需要解决的问题，受到各国广泛关注，也是目前世界性难题。AFs 具有强毒性和强致癌性，威胁人民生命健康。2010—2019 年，AFs 污染被欧盟 RASFF 预警系统通报 601 起，基本都是花生 AFs 污染，占食品通报总数的 23.14%，高居第一位。由此可见，花生 AFs 污染威胁食品安全和人民生命健康、制约花生出口贸易和产业发展，并造成经济损失。

本成果聚焦我国花生加工 AFs 的精准化防控，完善了花生 AFs 精准防控理论体系，突破了花生加工 AFs 防控科技瓶颈，建立了全程绿色精准防控技术体系与产业模式。

本项目技术要点如下：

1. 揭示了植物提取物通过下调合成基因表达抑制 AFs 形成的分子机制，阐明了毒素降解产物和路径以及吸附去除机制，建立了绿色精准防控和脱毒理论体系，为花生加工 AFs 全程绿色精准防控奠定了理论基础。

2. 研发了花生 AFs 植物提取物抑制和换向通风干燥抑制技术与装备，

创制了花生原料 AFs 污染复合生物抑菌剂，可替代目前所用剧毒、易燃的化学杀菌剂磷化氢；针对收获环节，研发了高水分花生换向通风干燥技术，创制了花生换向通风干燥设备，不均匀度降低 60%，耗能成本降低 80%～90%。

3. 揭示了霉变花生的光谱变异规律，建立了分选模型，研发出分选技术，创制了霉变花生激光分选装备，实现了对霉变花生精准快速剔除，与色选技术相比剔除准确率提高 49%。

成果 34

农药残留检测方法标准体系完善研究

主要完成单位：农业农村部环境保护科研监测所

主要完成人员：刘潇威　贺泽英　王　璐　耿　岳　张艳伟
彭　祎

成果主要亮点：

为切实保障农产品质量与安全，推进质量兴农战略规划实施，促进农业绿色发展，应健全农药残留检测技术体系，持续加强农产品中农药残留监管和检测。

为解决制约农药残留检测技术发展的因素，本项目研发了基于色谱和色谱串联质谱的植物源性食品中农药多残留检测方法标准。

研究开发了高效快速的高通量农药残留检测技术，制定了《蔬菜和水果中有机磷、有机氯、拟除虫菊酯和氨基甲酸酯类农药多残留的测定》（NY/T 761—2008）、《植物源性食品中 9 种氨基甲酸酯类农药及其代谢物残留量的测定　液相色谱－柱后衍生法》（GB 23200.112—2018）、《植物源性食品中 90 种有机磷类农药及其代谢物残留量的测定　气相色谱法》（GB 23200.116—2019）、《植物源性食品中 208 种农药及其代谢物残留量的测定　气相色谱－质谱联用法》（GB 23200.113—2018）、《植物源性食品中 331 种农药及其代谢物残留量的测定　液相色谱－质谱联用法》（GB 23200.121—2021）等高通量多残留检测方法。检测方法可覆盖 GB 2763 近 62% 的农药品种。

本项目技术要点如下：

开发了多基质的快速提取净化技术，研究植物源性食品中农药残留高通量快速检测技术，实现植物源性食品基质全覆盖，方法定量限达到 0.002 mg/kg，灵敏度较传统方法提高 10 倍。开发了基于高分辨质谱解析和源内裂解技术的农药高通量筛查方法，解决了部分农药检测结果假阳性 / 假阴性问题。

成果 35

重金属危害动态跟踪检测技术与设备

主要完成单位：农业农村部环境保护科研监测所

主要完成人员：赵玉杰　刘潇威　周其文　张闯闯　徐亚平

成果主要亮点：

镉（Cd）、铅（Pb）、砷（As）、汞（Hg）等重金属会被农作物从土壤中吸收并通过食物链危害人体健康。因此，人们对重金属的污染危害非常重视。多年的研究表明，重金属的污染危害与其活性有关系，而重金属的活性又与环境条件的变化密不可分。如何在多变的环境条件下能更加准确捕捉到重金属活性的变化，近而对其危害风险进行研判是农产品质量安全风险评估必须解决的关键技术难题之一。

团队经过多年研究，在引进消化吸收国外先进技术理论的同时，创新性地开发了重金属危害动态跟踪检测技术与设备 -DTPA- 插层双层金属氢氧化物 - 梯度扩散薄膜设备（LDHs-DGT），推进解决了重金属活性变化动态跟踪检测技术难题。

LDHs-DGT 是一种重金属活性态变化原位动态跟踪检测设备，可用于土壤、沉积物中 Cd、Pb、Ni、Cu、Zn、Co、As^{5+}、S^{2-}、Fe^{2+}、Mn^{2+}、P 等活性变化检测。本设备可模拟植物对重金属的吸收过程，配合其他快检技术测定的重金属含量与植物吸收量有更好的相关性。它不但可用于跟踪重金属活性的变化，还可用于评估土壤对农产品的污染风险，具有使用简单、制备方便、快速准确、易于布置等特点。

LDHs-DGT 设备由支撑外套、保护层、扩散层，以及重金属吸附层组成。其中扩散层为特制交联剂制备的聚丙烯酰胺凝胶，重金属吸附层为 DTPA- 插层的双层金属氢氧化物。

LDHs-DGT 具有以下技术特点：

1. 可同时对多种元素活性态变化进行动态跟踪检测。一个设备可同时提取阴、阳两种类型离子。

2. 加酸可一次性全解离，提高了检测效率。

3. 自主创新重金属有效性全量计算方法，并开发有计算机程序。

4. 应用范围广泛，除用于跟踪检测重金属活性变化外，还可方便指示土壤污染状况。

成果 36

产地环境重金属现场快速、应急监测与集成示范技术研究

主要完成单位：农业农村部环境保护科研监测所

主要完成人员：周其文　穆　莉　张铁亮　徐亚平　刘潇威　等

成果主要亮点：

自“十三五”以来，研究单位以操作简单、快速灵敏准确、利于现场分析的高压气源替代术为指标，致力于固体直接进样－电热蒸发－原子吸收法、固体直接进样－催化热解－原子荧光法等快速高效技术测定土壤中镉的研究。在此基础上，颁布企业团体方法标准 2 项，制定农业行业标准应急监测规范 1 项，为土壤污染详查与防治、污染场地快速应急检测及分级评价提供了高效便捷的分析技术。

成果 37

优质乳品质提升与绿色低碳工艺关键技术

主要完成单位： 中国农业科学院北京畜牧兽医研究所

主要完成人员： 王加启　郑　楠　张养东　刘慧敏　孟　璐
赵圣国　高亚男　李慧颖　叶巧燕　柳　梅

成果主要亮点：

开展了优质乳品质提升与绿色低碳工艺关键技术的系统研究及应用，取得以下成果。

1. 构建"奶及奶产品质量安全与营养品质评价数据库"，研发出生乳用途分级技术，推进解决奶源不分等级混合使用造成大量优质奶源浪费、优质难以优价的重大产业难题。创建涵盖"饲料－养殖－加工－产品－物流"奶业全产业链质量安全与营养品质评价数据库，包括 301 项重点因子、232 万余条基础数据，掌握了奶类质量安全变化规律，研发出生乳用途分级技术。

2. 研发建立优质乳产品品质评价技术，揭示国产奶与进口奶的区别，首次提出"优质奶产自本土奶"的科学理念。创建优质乳的碱性磷酸酶（致病菌灭活安全指标）－乳铁蛋白（营养品质指标）－糠氨酸（热伤害指标）评价技术，实现致病菌灭活安全、功能活性最大程度保留、过热伤害控制的三维评价。连续 3 年评价发现进口奶存在过热加工问题，导致活性蛋白含量显著降低，提出"优质奶产自本土奶"的科学理念。

3. 开发出奶制品绿色低碳加工工艺，引领奶业从数量型向优质绿色转型升级。

为实现最大程度生物活性功能保留，研究开发优质乳加工的温度－时间实时在线监控技术，将加工温度由 105℃下降到 75℃、精度稳定控制在 ±0.25℃之内。集成创新"优质生乳－绿色低碳工艺－优质产品评价"一体化质量提升技术。

成果 38

优质蜂产品安全生产加工及质量控制技术

主要完成单位： 中国农业科学院蜜蜂研究所
浙江大学　　河南科技学院

主要完成人员： 吴黎明　　彭文君　　胡福良　　薛晓锋　　田文礼
张中印

成果主要亮点：

中国农业科学院蜜蜂研究所蜂产品质量与风险评估创新团队联合了本所蜂产品加工与功能评价创新团队、浙江大学蜂产品资源团队和河南新乡综合实验站等展开高效蜂群组建、蜂产品安全生产与增值加工、优质蜂产品质量评价与控制等方面的联合攻关，取得了以下重要成果。

1. 发明了以"蜂王双侧去颚、生物法诱导"为核心的蜜蜂多王同巢稳定建群技术，创建了低温炼蜂和定量繁蜂等早春低温期蜜蜂繁殖管理新技术，实现了高效生产蜂群饲养技术的革新。

2. 创建了蜂胶低温湿法超微粉碎技术、物理法抗结晶蜂蜜生产技术，确定了最佳工艺条件，实现了蜂产品高值化利用。

3. 构建了主要蜂蜜化学指纹图谱，发明了包括蜂胶真伪鉴别，蜂王浆新鲜度评价在内的 10 种蜂产品品质识别技术，为生产、加工、流通和监管提供了技术支撑。

该成果获授权发明专利 38 件，发表 SCI 论文 42 篇，出版著作 14 部，制定行业标准 9 项，在优质蜂产品安全生产加工与质量控制技术领域取得了突破和成效，应用覆盖 22 个省市的 1 100 余家养殖、加工、流通和监管单位，产生了良好的经济、社会和生态效益。该成果获得 2017 年度国家技术发明奖二等奖。

成果 39

融合检测技术的蜂产品质量安全控制系统研究与应用

主要完成单位： 中国农业科学院蜜蜂研究所
中国农业科学院信息研究所

主要完成人员： 李 熠 赵 静 周金慧 陈兰珍 黄京平

成果主要亮点：

我国蜂产品存在生产经营分散且流动性强、蜂场规模偏小、产地属性鲜明、消费需求独特等特点，导致追溯信息系统在应用过程中存在信息记录不够精确，追溯信息采集过程中易受人为因素干扰等问题，致使追溯信息系统在发生质量安全问题后难以准确判定责任。

开展以蜂产品质量追溯信息系统建立为基础、蜂产品品种产地检测和真实性鉴别技术开发为支撑、蜂产品质量安全保障为目的的完整技术体系，研发融合检测技术的蜂产品质量安全追溯平台，不仅推进了对产业链全过程各个环节的追溯管理和安全控制，而且推动了蜂产品追溯中不实（可疑）信息的真实性校验，完善了蜂产品溯源技术体系和生产安全关键点控制，为实现我国蜂产品质量安全更为有效的控制和监管提供技术支撑。

本项目技术要点如下：

1. 制定了完整、可靠的蜂产品质量追溯信息编码标准和技术规范，开展了蜂产品质量安全信息采集作业场景下语音识别技术应用，构建了基于语音识别技术的蜂产品供应链全程追溯信息采集体系。提出了基于质量安全关键点控制的蜂产品质量追溯方法，设计了蜂产品流通过程中生产、收购、加工和销售环节的追踪与溯源方案，构建了蜂产品质量追溯信息平台。

2. 系统地研究了蜂产品品种、产地和真伪鉴别技术，提出了基于多种特征因子融合的蜂产品溯源检测方法，构建了蜂产品溯源指纹图谱数据库。建立了蜂产品产地和品种溯源的多种评价模型，构建了蜂产品品质近红外无损检测、品种鉴别技术体系。

3. 提出了基于 Agent 的蜂产品质量安全控制的协同工作方法，推动了蜂产品追溯信息管理、检测分析鉴别和质量安全控制的协同工作。构建了融合检测技术的蜂产品质量安全追溯平台，推进了多模式的蜂产品追溯信息服务。

成果 40

《水果中黄酮醇的测定　液相色谱-质谱联用法》标准研究

主要完成单位：中国农业科学院果树研究所　　青岛农业大学
农业农村部果品及苗木质量监督检验测试中心（兴城）

主要完成人员：聂继云　　李　静　　张海平　　张建一　　闫　震
李银萍

成果主要亮点：

黄酮醇是水果中重要次生代谢产物之一，属于酚类化合物。黄酮醇类化合物主要分布在水果的果皮中，不仅对果实抵御外界异物侵袭起着重要的作用，而且对由 UV-B 对植物的损害具有保护作用。黄酮醇类化合物同时还对人体具有广泛的药理活性。水果皮中含有丰富的黄酮醇，如苹果皮中主要含有芦丁等 6 种黄酮醇，梨皮中主要含有异鼠李等 17 种黄酮醇类组分，樱桃和桃果皮中主要含芦丁等 5 种黄酮醇类组分。黄酮醇类因其对人体具有抗氧化等多种保健功能，受到广泛关注，是水果重要营养功能评价指标之一。

液质联用法测定黄酮醇类组分，具有定性准确的特点，已经广泛用于水果中黄酮醇的测定。制定农业行业标准《水果中黄酮醇的测定　高效液相色谱串联质谱法》，将为水果中黄酮醇含量的准确测定和科学评价提供高效、实用的技术手段。

标准采用液相色谱 – 质谱联用法，以杨梅、苹果、梨、山楂、蓝莓、橙子等 6 种代表性水果为试材，建立了水果中黄酮醇含量的检测方法。对样品处理方式、提取溶剂、提取体积、提取时间及提取方式等前处理方法进行了优化。试样采用高速组织捣碎机进行匀浆，用 80% 甲醇作为提取剂，采用液相色谱 – 质谱联用法测定。该方法具有灵敏度高、定性准确的特点，适用于水果中黄酮醇含量的测定。标准《水果中黄酮醇的测定　液相色谱 – 质谱联用法》（NY/T 3548—2020）已于 2020 年发布实施。

成果 41

《水果、蔬菜及其制品中叶绿素含量的测定　分光光度法》标准研究

主要完成单位： 中国农业科学院果树研究所
农业农村部果品及苗木质量监督监督检验测试中心（兴城）

主要完成人员： 聂继云　闫　震　程　杨　关棣锴　李志霞

成果主要亮点：

水果、蔬菜及其制品与我国居民日常生活密不可分，是居民膳食不可或缺的重要组成部分。叶绿素是绿色植物光合作用的基础物质，可反映植物的生长发育状况、生理代谢变化以及营养状况。因此，叶绿素含量常常用作研究植物生长发育的生理指标，对于富含叶绿素的水果、蔬菜及其制品尤其如此。在水果、蔬菜及其制品生产、加工、贸易、管理中往往须对叶绿素含量进行检测和评价。目前，国内外已针对植物材料开展了大量研究，建立了分光光度法、荧光光谱法、高效液相色谱法、高效液相色谱质谱法和反射光谱法等多种叶绿素含量测定方法。其中荧光光谱法和反射光谱法前处理比较复杂；而高效液相色谱法和高效液相色谱质谱法的检测过程中，叶绿素容易对仪器造成污染，不适合大批量样品的检测。分光光度法是研究最为透彻的一种方法，该方法具有简便、经济、实用等诸多优点，被广泛认可和使用。

标准采用紫外分光光度法，以猕猴桃、青苹果、葡萄干、菠菜、黄瓜、韭菜花为试材。对样品处理方式、提取溶剂、提取体积、提取时间以及提取方式等前处理方法进行了优化。试样采用高速组织捣碎机进行匀浆，用丙酮和无水乙醇（1∶1）的混合液进行提取，静置提取 5 h 后过滤，滤液用紫外分光光度计进行测定。结果表明，叶绿素 a 和叶绿

素 b 在 0～0.03 mg/g 范围内呈现良好的线性，R^2 都在 0.999 以上。该方法简便、快速、准确度高、重现性好，适用于水果、蔬菜及其制品中叶绿素含量的测定。标准《水果、蔬菜及其制品中叶绿素含量的测定　分光光度法》（NY/T 3082—2017）已于 2017 年发布实施。

成果 42

大蒜及其制品质量安全检测关键技术研究与应用

主要完成单位：河南省农业科学院农业质量标准与检测技术研究所

主要完成人员：王　建　　贾　斌　　钟红舰　　刘进玺　　冯书惠
王会锋　　周　玲

成果主要亮点：

该项目系统研究了大蒜及制品中功效成分的检测方法，制定发布了两项检测方法标准。研发了大蒜等葱蒜类蔬菜农残检测的样品前处理技术，开发建立了高通量、准确灵敏、实用的气相色谱法，支撑大蒜中多农残（47 种）定量检测；制（修）定了《绿色食品　葱蒜类蔬菜》及《无公害检测目录》农业行业标准，为产品认证和行业监管提供技术支撑；提出并构建了评价大蒜及其制品质量安全的技术检测体系。

项目的主要成果如下：

1. 研制了大蒜及其制品中大蒜素、蒜素的定量分析技术，提出将大蒜素和蒜素作为表征大蒜及其制品质量的特征参数，构建了评价大蒜及其制品质量检测的技术指标体系，制定发布了两个农业行业标准，为评价大蒜及其制品产品质量，促进产业发展提供了技术支撑。

2. 修订发布了《绿色食品　葱蒜类蔬菜》，为生产种植、品牌建设、产业发展提供了技术保障。

3. 提出了采用磷酸酸化法进行灭活的样品前处理技术，有效解决了大蒜样品农残检测中有机硫等化合物干扰严重的技术难题，建立了高通量、准确、灵敏、实用的气相色谱法测定大蒜中多农残（47 种）定量检测新技术，为加强农产品质量监管提供了技术支持。

成果 43

福建陈年老茶卫生安全与功能成分分析

主要完成单位：福建省农业科学院农业质量标准与检测技术研究所
福建省茶叶质量检测中心站
福建省宁德市赤溪茶叶有限公司
福建省裕荣香茶业有限公司

主要完成人员：傅建炜　韦　航　黄　彪　黄锐敏　黄财标

成果主要亮点：

新茶鲜而香，老茶甘而醇，风味和功用各有特色。福建知名陈年老茶种类众多，包括武夷岩茶、白茶、铁观音老茶等。近年陈年老茶消费热潮悄然兴起，厦门等地已出现以“陈年老茶”为主打产品的专营店，颇受市场追捧。但部分消费者认为陈年老茶经陈化后内涵物质减少，微生物污染等风险增加等。目前，关于福建陈年老茶的研究几乎空白，加强福建陈年老茶质量安全、功能营养、香气成分等方面的研究，可解决当前公众重点关注的陈年老茶是否存在质量与安全问题的疑惑，助力老茶的质量安全管理和质量标准制定。

本项目收集具有代表性的武夷岩茶、白茶、安溪铁观音老茶等福建陈年老茶样品，按茶类、生产年份、产地等进行归类，探明了陈年茶类中微生物种类，尤其是潜在的致病微生物及可能产生的生物毒素；监测了茶叶中重金属污染、农药残留及年份变化情况；分析了样品间的儿茶素、茶氨酸、茶黄素等营养功能物质及香气成分的差异性。项目实施期间共发表论文 6 篇；出版著作 1 部，申请发明专利 1 件，授权软件著作权 2 项，制定技术规范 2 项。研究结果可为陈年老茶的质量评定、标准制定、质量安全管理提供科学参考依据。

主要技术要点如下：

1. 系统开展了福建陈年老茶样品中的重金属污染和农药残留含量监测，明确不同茶类、不同产地茶叶样品中的杀虫剂、除草剂、杀菌剂等39种农药和Cr、Pb等10种重金属的安全隐患情况。

2. 采用宏基因组分析等技术，探明了福建省陈年老茶中的细菌群落结构特征。建立了基于UPLC-MS/MS的陈年老茶中16种真菌毒素的检测方法，检出限为0.03～7 μg/kg。

3. 建立了陈年老茶中茶多酚、茶氨酸、香气物质的检测方法，系统开展了不同茶类福建陈年老茶中功能性营养成分、香气成分情况间的比较，并与感官评价相结合，探明不同茶类陈化过程中的品质和质量安全变化。

成果 44

畜禽产品中典型危害物监测评估和掺假鉴别技术研究与应用

主要完成单位： 上海市农业科学院农产品质量标准与检测技术研究所
中国农业科学院农业质量标准与检测技术研究所
上海溯源生物技术有限公司

主要完成人员： 周昌艳　赵志勇　陈爱亮　赵晓燕　张艳梅
余欧明　陈　磊

成果主要亮点：

1. 自主研发了基于时间分辨荧光免疫层析技术的抗生素智能云快检集成系统。针对肉禽蛋奶等产品，开发了集便携式前处理设备、快检试剂盒、多功能荧光读卡仪、手机数据云处理软件等模块于一体的智能云快检系统，用于磺胺类等四大类 47 种抗生素的现场快速检测。全流程检测时间仅需 6～10 min，灵敏度最高可达 1 ng/mL。与现有市售产品相比，具有便携化、可视化、智能化及数据云端处理等优点，可满足现场快速检测的需求。

2. 率先开展了上海地区畜禽产品养殖链条中典型农兽药残留的应急评估。建立了基于色质谱法的畜禽产品中农兽药的高通量靶向筛查和精准定量技术，摸清了从养殖环节至产品链条中农兽药的污染水平，锁定了养殖链条中典型农兽药污染的关键风险控制点，评估了上海地产 / 市售畜禽产品中农兽药的残留风险。

3. 构建了多重快速筛查、精准定量与溯源鉴别的多元化畜禽产品掺假鉴别技术体系。针对牛、羊、鸡、猪、鸭、驴等成分设计特异性引物，建立了同时鉴别 6 种动物源性成分的多重 PCR 方法及适用于现场快速鉴别羊肉的恒温扩增检测技术，构建了可精准定量肉制品中羊肉含量的 RT-PCR

方法，并利用微卫星标记技术开发了生鲜牛肉和猪肉的DNA溯源鉴别方法。该鉴别技术体系既可用于肉制品的快速掺假鉴别，也适用于动物源性成分的精准定量与溯源。

本项目研发了畜禽产品抗生素智能云快检系统1套并在市场推广应用；获国家授权专利6件，申请专利3项；研制了农业行业标准2项（待颁布）、国家标准1项（已通过标准审定会）；开发农兽药检测技术2套、掺假鉴别与溯源技术5套；发表学术论文6篇（其中SCI论文3篇）。

成果 45

双孢蘑菇产供安全过程管控技术研究与示范

主要完成单位：上海市农业科学院农产品质量标准与检测技术研究所

主要完成人员：宋卫国　　张其才　　饶钦雄　　陈珊珊

成果主要亮点：

聚焦食用菌农药等化学危害防控理论研究，针对双孢蘑菇生产培养料发酵和原料供应这一关键、薄弱环节，运用色质谱定量测定技术，揭示了新烟碱类、有机磷类、菊酯类、苯并咪唑类等农药及代谢物在覆土－培养料－双孢蘑菇子实体系统中的迁移及降解规律，建立了基于农药吸附和降解理论研究的双孢蘑菇农药残留风险预警技术模型，为解决食用菌中农药残留安全提供了理论支持。

基于系统理论研究，提出了双孢蘑菇安全用药推荐目录，基于食品农药限量值，综合考虑栽培技术和品种差异带来的不确定因子，制定了栽培基质及原料中的 12 种农药最大允许含量，建立了培养料及原料安全风险防控技术，申请获得上海市地方标准《双孢蘑菇栽培基质控制技术规范》（DB31ZB1-15010），解决了上海联中食用菌合作社在原料验收、控制方面缺乏技术支撑的瓶颈问题，也为政府监管提供了依据。贯彻从农田到餐桌全程控制理论，研究了双孢蘑菇工厂化生产全过程的安全管理控制技术，制定了厂区建设、菌种制备、培养料制备、覆土制备、栽培管理、有害生物防治、采收及采后管理、追溯管理 8 方面的技术规范，并转化为上海联中食用菌专业合作社企业标准。

成果 46

即食生鲜果蔬食源性致病菌污染评价与防控应用

主要完成单位： 上海市农业科学院　四川省农业科学院　浙江省农业科学院　山东省农业科学院　天津市农业科学院　黑龙江省农业科学院　河南省农业科学院　北京农业质量标准与检测技术研究中心　江苏省农业科学院　中国农业科学院农产品加工研究所

主要完成人员： 周昌艳　索玉娟　瞿　洋　魏　超　代晓航　白亚龙　汪　雯　王文博　沈源源　肖兴宁　兰青阔　赵　新　刘　娜　单　宏　赵光华　何昭颖　陶婷婷　高　敏　邵　毅　林　婷

成果主要亮点：

项目围绕我国常见的即食果蔬中的重要食源性致病菌开展了污染调查与防控研究，确定了病原微生物在常见果蔬中的危害程度和防控要点。具体体现在以下几个方面。

1. 在全国 9 个区域范围内，对常见的 16 种即食果蔬（生菜、黄瓜、草莓、甜椒、番茄、圣女果、桃、梨、樱桃、金橘、葡萄、芽苗菜、香菜、苦苣、胡萝卜和香瓜）进行了沙门氏菌等重要食源性致病菌污染状况的摸底排查，掌握了致病菌在上述果蔬中的污染状况。

2. 对生菜、草莓、黄瓜等果蔬中的病原微生物在生产与流通各环节进行分布调查，系统评价了生菜和草莓从生产到消费的全程控制技术手段，系统评估了生菜在种植与消费环节污染食源性致病菌的关键防控点，研究了问题种类果蔬中病原微生物的控制消除手段。

3. 建立即食蔬果中病原微生物的生长预测模型。

4. 研究开发致病菌快速检测方法，提高了病原菌的筛查效率。

通过上述项目的完成，发表论文 37 篇，发布或开展科普 7 篇（次），申请国家专利 14 件（获授权 5 件），获得软件著作权 2 项，签订蔬菜卫生种植合作示范基地 4 个，提出管控规范 2 项，建立农产品来源的病原微生物菌株库 1 个。

成果 47

柑橘营养品质特征成分评价鉴定与全程控制技术

主要完成单位： 西南大学柑桔研究所

主要完成人员： 焦必宁　赵希娟　苏学素　王成秋　赵其阳　张耀海　陈爱华　何　悦　崔永亮　李　晶　李志霞

成果主要亮点：

我国柑橘资源丰富、分布区域广、产品种类多，是世界第一大柑橘生产国和消费国。2019 年我国柑橘产量达 4 584.54 万吨，已成为我国栽培面积及产量最大的水果。

重点围绕我国柑橘产品全程控制和品质提升两个方面，在国家柑橘产业技术体系等项目的支持下，连续 14 年开展了不同产地主栽柑橘品种营养品质指标监测以及功能成分识别鉴定与检测方法研究，建立了类黄酮、酚酸、香豆素、类胡萝卜素等系列特征活性成分的快速筛查和确证检测方法 5 套，检测时间缩短约 50%，检测物质种类增加 1 倍以上，基本实现了我国柑橘产品营养品质与功能成分所涉及检测项目的全覆盖，研发的柑橘及制品品质和功能成分含量的测定方法已转化为行业标准 7 个，广泛用于柑橘品质日常检测与监测中，构建了柑橘质量与品质评价监测技术体系与平台。研制出橘皮素国家一级标准物质 1 个和川陈皮素等类黄酮二级标准物质 5 个，在国内外重要刊物上发表相关学术论文 30 余篇，参编《农产品质量安全与营养健康科普大全》等书籍 6 部，对柑橘相关知识以及百姓关注的热点问题进行普及。

成果 48

基于伴生金属危害的富硒农产品质量安全效益风险评估与关键控制技术研究

主要完成单位： 浙江大学　江苏省农业科学院
中国农业大学　恩施土家族苗族自治州农业科学院
南京财经大学　西北农林科技大学
农业农村部食物营养与发展研究所
黑龙江省农业科学院

主要完成人员： 陆柏益　张留娟　郭岩彬　方　勇　梁克红
孙向东　梅晓宏　胡仲秋　向极钎　刘贤金
朱大洲　胡秋辉　殷红清　黄昆仑　张瑞英
岳田利　李士敏　吴筱丹　杏朝纲

成果主要亮点：

富硒农产品符合消费者营养健康需求，近年来得到发展，但市售富硒农产品质量良莠不齐，存在硒含量不清、标签不明等问题，导致富硒产业受到质疑；同时，农产品在富集硒的同时也增加了富集伴生金属的可能性，增加了富硒农产品中伴生金属带来的潜在健康风险。研究以我国人群膳食结构中 15 类富硒农产品和对应的普通农产品为研究对象，采用效益 - 风险评估、多元线性回归及转录组学等方法，阐明了富硒农产品的质量安全效益 - 风险作用，以富硒稻米、富硒鸡蛋、富硒黑木耳和富硒大蒜等典型富硒农产品为研究对象，分析品种、土壤、基质、饲料、水源等关键因素对硒 - 金属伴生效应的影响规律；以富硒稻米为研究对象，通过实验室模拟和大田试验分析硒 - 伴生金属在典型农产品的迁移累积规律和金属伴生机制，制定典型富硒大米生产技术规程或伴生金属的管控指南，从而指导富硒农产品的规范生产和科学消费。

项目针对我国富硒农产品产业现状，分析了发展需要解决的难点和问题，提出了可能的解决方案及有关硒检测、限量等标准制修订建议49条，立项制定国家、行业标准8项；制定了10项富硒农产品生产技术规范，编撰专著8部，发表科普解读15篇，发表高水平论文25篇，申请或授权专利6件。

本项目技术要点如下：

1. 论证认为富硒农产品是一种风险可控且有效的补硒途径，建议大力开发人工富硒类产品。

2. 通过富硒效果、质量稳定、膳食贡献等论证应优先推荐发展米面类、食用菌类和蛋类等富硒农产品。

3. 我国富硒农产品中具有较大风险的潜在伴生金属为铬、砷和镉。

4. 富硒大米中伴生金属的影响因素为土壤pH值、有机质含量和土壤元素全量，富硒黑木耳和大蒜中的影响因素为土壤pH值和土壤元素全量，富硒鸡蛋则为饲料中元素全量。

5. 项目提出了富硒稻米通过基于转运子和抗坏血酸－谷胱甘肽代谢途径的金属伴生机制。

6. 项目制定了富硒大米等10项富硒农产品生产技术规范。

成果 49

设施蔬菜土传病害防控关键技术与应用

主要完成单位：中国农业科学院蔬菜花卉研究所

主要完成人员：李宝聚　石延霞　谢学文　柴阿丽　李　磊

成果主要亮点：

我国是世界设施蔬菜生产第一大国，在解决蔬菜周年供应、促进农民增收等方面做出了突出贡献。随着连作年限的增加，土壤中病原菌种群剧增，土传病害发生，成为制约设施蔬菜产业健康可持续发展的瓶颈之一。经过 18 年的针对性研究，取得如下创新性成果。

1. 探明了我国设施蔬菜土传病害种类，建立了国内首个土传病害标本库和病原菌资源库。基于对我国 26 个省市主要设施蔬菜产区的长期监测，探明了 12 个科 39 种蔬菜土传病原菌种类，明确了设施土传病原菌包括 43 种真菌、9 种卵菌和 5 种细菌；建立了国内首个蔬菜土传病害标本库和病菌资源库，库存病害标本 12 000 份、菌株 23 000 个，其中鉴定并新发现记录寄主病害 16 种，为制定土传病害防控策略奠定基础。

2. 首创设施蔬菜土传病原真菌、卵菌、细菌风险预警及快速检测技术。率先研发出基于 PMA-qPCR 和双荧光复染的土壤中扁桃假单胞流泪致病变种等病原菌产前预警监测，建立基于 FTIR 红外光谱和 qPCR 的芸薹根肿菌等引起的土传病害显症前快速检测以及胡萝卜软腐果胶杆菌等土传病原细菌的 LAMP 田间现场检测技术。检测时间由传统检测方法的 7～14 天缩短至 1～3 h，解决了传统方法检测周期长、检出率低等难题，为土传病害早期预防和精准治疗提供依据。

3. 创新性研制出土壤消毒剂、诱导抗病剂、微生物农药、微生物肥料及砧木产品。研发的氰氨化钙土壤消毒颗粒剂，作为农药在国内登记，兼治土传真菌、卵菌、细菌、线虫，使用方法简单，集成了具有自主知识产权的氰氨化钙土壤消毒技术，明确了该产品的作用机理及土壤生态功能重建机制；创建了蔬菜土传病害生防菌剂活体微量筛选平台，登记了防治土传真菌、卵菌、细菌的微生物农药 4 个，诱导抗病剂 1 个，适用于黄瓜、番茄和辣椒的微生物肥料 7 个，培育出综合性状优良、高抗土传病害的黄瓜砧木 2 个、番茄砧木 2 个。

4. 创建了 4 套设施蔬菜土传病害防控关键技术模式。集成病原检测、土壤消毒及定点施药技术，利用土壤熏蒸剂、抗性砧木、微生物农药、诱导抗病剂、微生物肥料等产品，并根据设施蔬菜土传病害不同病情创建了 4 套防控关键技术模式，综合防治效果达到 75% 以上。

该成果授权发明专利 16 件，实用新型专利 2 件，培育砧木专用新品种 4 个，颁布地方标准 4 项，发表论文 77 篇，其中 SCI 论文 38 篇。取得了经济、社会和生态效益。

成果 50

稻米品质评价体系标准

主要完成单位： 农业农村部稻米及制品质量监督检验测试中心

主要完成人员： 朱智伟　胡贤巧　于永红　孙成效　方长云
陈铭学　章林平　邵雅芳　朱大伟　卢　林

成果主要亮点：

针对稻米品质评价，构建了一套较为完善的稻米品质及检测技术的标准体系，并成功应用于稻米品质的实际评价中，在全国水稻区试以及包括浙江省在内的多个省水稻品种区试、联合评比的品质评价中发挥了重大作用。

本项目主要亮点如下：

1. 构建了一套较为完善的稻米质量和检测技术标准体系。制定《食用稻品种品质》等 5 项产品品质标准和《米质分析方法》等 6 项检测技术标准。建立的标准体系对我国稻米品质评价提供了完善的检测方法和评价依据。

2. 根据稻米产业链需求，合理制定了稻米的产品品质标准。在充分考虑加工企业对加工品质的需求、销售对外观的需求、消费者对食味品质的要求基础上，设置分级指标，制定了《食用稻品种品质》《食用粳米》《食用籼米》3 项标准。根据绿色食品产业的需求，在一般质量要求的基础上重点考虑污染物农药残留限量，制定了《绿色食品　稻米》和《绿色食品　稻谷》两项标准。

3. 改进稻米品质检测核心技术，大幅度提升稻米品质检测和评价速率。引入图像分析法，并采用网状粘连稻米分割技术解决了样品平铺不充分引起的网状粘连稻米难以自动分析的难题，建立的方法可以同时测定整精米率、粒型、垩白粒率、垩白度及透明度等多项稻米品质指标，检测效率提高 1 倍以上；引入稻米直链淀粉参比样，不需要脱脂处理及不同比例直链和支链标准溶液的配制，检测效率提高 5 倍以上；开发了两套稻米品质的评价系统，可以根据稻米品质检测结果进行自动评价。

4. 完善配套的检测器具，推动稻米品质检测标准化。为确保检测过程高效化、标准化，对实际检测过程中所需的配套器具进行改善，并申请了"稻米垩白性状观测仪"等 10 余件专利，明显提高检测的效率和有效性。

成果 51

蔬菜农药残留关键控制技术创新及应用

主要完成单位： 天津市农业科学院农产品质量安全与营养研究所
南开大学

主要完成人员： 郭永泽 张玉婷 邵 辉 范志金 刘 磊
李 辉 李 娜 刘烨潼

成果主要亮点：

围绕蔬菜产品中农药残留污染控制、监测检测、限量标准等技术瓶颈，根据蔬菜产业健康发展的需要，分别从农药残留检测技术、蔬菜中农药残留膳食评估与安全使用、高发病害抗病活性诱导与活性化合物开发以及蔬菜生产全过程控制关键技术等方面进行攻关，以实现蔬菜质量安全产前、产中、产后一体化精准控制，提升蔬菜质量与品质。

1. 创建蔬菜农药多残留检测方法体系：同步检测蔬菜中 392 种残留农药；研发农药投入品中 90 种隐性成分甄别方法。

2. 率先评估了 37 种新农药在蔬菜上残留膳食风险并建立安全使用技术，为 37 种新农药在蔬菜上准用登记提供依据；以此参与制定 GB 2763 食品中农药最大残留限量，填补 12 种蔬菜中 50 项农药限量标准空白。

3. 合成了具有诱导抗病活性的高活性杀菌剂候选化合物 3 个；兼具对霜霉、白粉、炭疽等病菌的杀菌活性和诱导抗病活性。

4. 构建了以高效低残留农药安全使用处方为核心，产前环境评价与控制 + 产中病虫害高效防治 + 产品精准检测与信息溯源的蔬菜农药残留一体化控制体系。

在天津、北京、河北、辽宁、河南等 12 个省市的检验检疫、农业科研与推广部门，以及蔬菜基地 / 合作社等单位进行了应用。

成果 52

玫瑰香葡萄营养品质评价创新技术研究与应用

主要完成单位：天津市农业科学院农产品质量安全与营养研究所

主要完成人员：张　强　　陈秋生　　殷　萍　　刘征辉　　刘烨潼

成果主要亮点：

项目率先探明茶淀玫瑰香葡萄的糖分积累特征，探明葡萄成熟过程中糖分积累与转化作用机制，挖掘其特色优势指标；建立基于糖分组成和特征元素的玫瑰香葡萄产地溯源技术；构建了玫瑰香葡萄质量安全风险控制技术规范，研究成果直接指导和服务产业；针对葡萄市场消费的新方式——电商运输，开展了葡萄模拟运输试验，比对了不同包装材料和方式对鲜食葡萄品质及货架期的影响，确定葡萄收贮运环节品质变化的特征营养因子和关键控制点。

2015 年以来，成果对接中国农业科学院果树研究所、中国农业科学院农业质量标准与检测技术研究所、天津市无公害管理中心等相关单位。通过开展质量兴农的科普助农活动，培训农民 2 000 人次，受益人次达 2 万。申请国家发明专利 2 件，发表论文 6 篇，出版著作 2 部，完成软件著作登记 6 项，推动天津市重点研发项目立项 1 次。

成果 53

京津冀大宗果品质量安全风险评估与溯源技术创新与应用

主要完成单位：天津市农业科学院农产品质量安全与营养研究所

主要完成人员：陈秋生　郭永泽　张　强　邵　辉　张玉婷

成果主要亮点：

本项目针对京津冀地区苹果、梨、葡萄、桃等大宗果品存在的质量安全问题，开展果品质量安全关键危害因子监测、风险评估及防控技术研究，提出风险预警、过程管控和标准制修订建议。

1. 构建了京津冀特色果品产地真实性溯源技术体系：利用稳定同位素、矿物元素、品质指标及香气成分等数值解析，挖掘特征性及差异性指标，创建了基于化学指纹特征的玫瑰香葡萄和平谷大桃产地真实性溯源模型。

2. 建立了危害因子筛查方法体系：建立果品中农药多残留及新型替代农药残留筛查技术，研发出农药产品中违规添加有机磷类高毒农药鉴别方法。

3. 协同开展了京津冀大宗果品质量安全风险评估：全面系统对京津冀地区苹果、梨、葡萄、桃等大宗果品质量安全风险等级水平进行评估，制定相关管控措施和标准，锁定影响果品质量安全的农药残留、重金属关键危害因子，明确风险等级水平；针对生产关键环节和关键控制点，制定相应的管控措施，编制系列风险管控指南，制定相关标准。

本项目已发表文章 23 篇，获软件著作权 4 项，制定并颁布实施行业标准 2 项、地方标准 4 项，已在国内不同领域的多家单位得到了推广应用，取得了经济和社会效益。

成果 54

辣度快速分析仪

主要完成单位： 广西壮族自治区农业科学院农产品质量安全与检测技术研究所

主要完成人员： 牙　禹　闫飞燕　覃国新　蒋翠文　梁　静　谢丽萍　程　亮　王彦力　李　焘　唐　莉　宁德娇　罗丽红

成果主要亮点：

辣椒是传统饮食文化中广受喜爱的调味品之一。辣椒的辣味来源于辣椒素类物质，辣椒素含量是对辣椒及其制品进行辣度分级的依据，也是品质评价的重要指标。

当前辣椒素检测所用标准方法是液相色谱法，具有很好的灵敏度和准确度，但是仪器购置和运行成本高，对操作人员专业能力要求高，使其难以在生产基地和辣椒制品生产企业普及应用。

针对产业需求，本研发团队率先在国内开展辣度快速检测技术研究，研究成果发表在 *Colloids and Surfaces B：Biointerfaces*、《食品科学》等知名杂志上，同时核心技术也获国家发明专利授权。在此基础上，团队联合相关企业，研制了辣度快速分析仪，可在 2 min 内给出辣椒素含量、斯科维尔指数和辣度分级结果，数据与色谱法相比较无显著差异，结果稳定、可靠。仪器只有手机大小，携带方便、操作简单，基本无需养护，单个样品测量成本控制在 5 元内，可应用于干鲜辣椒样品及辣椒酱、辣椒油、火锅底料等辣椒制品的辣度测定，为辣椒品质育种、种质资源收集与保护及辣味食品加工提供有力的科技支撑。

成果 55

《粮油检验　谷物、豆类中可溶性糖的测定　铜还原－碘量法》标准研究

主要完成单位： 黑龙江省农业科学院农产品质量安全研究所
农业农村部谷物及制品质量监督检验测试中心（哈尔滨）

主要完成人员： 苏　萍　杜英秋　单　宏　王乐凯　杨焕春
程爱华

成果主要亮点：

可溶性糖在谷物、豆类中的含量相对较低，大豆中含有 6% 左右的可溶性糖，普通小麦中含有 2.8% 左右的可溶性糖，谷子中可溶性糖含量在 2.6%～2.8%，糙米约含有 1.3% 的可溶性糖，大米含可溶性糖更低，约为 0.5%。由于国内有关糖的检测标准适合于含糖量较高的食品检测，因此制定微量测糖法用于测定谷物、豆类中可溶性糖的标准十分必要的。

本研究确定选择了以美国 AOAC 分析方法手册中的 Shaffer-Somogyi（即铜还原碘量法）为基本方法。为确定铜还原碘量法的适用性、准确性和精密度，进行了以下试验：①样品粉碎程度的比较试验；②谷物、豆类可溶性总糖浸提条件的试验；③可溶性总糖酸解条件的试验；④蛋白沉淀剂的选择；⑤脂类对谷物、豆类可溶性糖的影响试验；⑥铜还原－碘量法测定谷物、豆类可溶性糖的准确度试验；⑦铜还原－碘量法测定谷物、豆类可溶性糖的精密度试验。

通过 6 家协作实验室的试验结果比对表明，用铜还原－碘量法测定谷物、豆类中可溶性糖含量具有较高的准确度和可操作性，也具有较好的重复性和再现性。

成果 56

主要畜禽产品质量安全控制评价关键技术标准研制及集成创新

主要完成单位：江西省农业科学院农产品质量安全与标准研究所
中国动物卫生与流行病学中心
中国绿色食品发展中心
农业农村部农产品质量安全中心

主要完成人员：戴廷灿　宋翠平　王玉东　李伟红　王冬根
赖　艳　赵思俊　丁保华　徐　俊　路　平
曲志娜　张志华　刘艳辉　陈　倩　曹旭敏

成果主要亮点：

项目组历时 14 年，实现了关键技术的突破，取得的主要创新成果如下：

1. 突破了药物残留及有害物质安全检测关键技术，推动了我国畜禽产品检测领域的科技进步，为主要畜禽产品的安全检测提供了技术保障。一是研制了肉制品中苯并 [α] 芘的检测方法标准；二是研制了 1 种动物产品中氯丙嗪的检测方法标准；三是开发了鸡肉中金霉素残留的高灵敏度检测方法；四是建立了高通量的 10 种喹诺酮类、30 种 β- 兴奋剂类药物残留等检测方法。

2. 研制了兽医卫生、兽药使用和饲养防疫准则、主要畜禽产品等标准，为我国绿色、优质畜禽产业发展，以及主要畜禽产品质量安全风险控制与评价提供了技术支撑。一是制定了《禽肉生产企业兽医卫生规范》国家标准；二是研制了《绿色食品　兽药使用准则》《绿色食品　畜禽卫生防疫准则》《绿色食品　禽肉》《绿色食品　畜肉》《无公害农产品　禽肉及副产品检测目录》《无公害农产品　生产质量安全控制技术规范（第 11 部分鲜禽蛋）》等 9 项行业标准。

3. 突破了畜禽重大疫病诊断关键技术，研制了相关标准，对预防和控制动物疫病的发生发挥了重要技术支撑作用。一是研制了《禽支原体PCR检测方法》标准；二是研制了《高致病性禽流感样品采集、保存和运输技术规范》和《兽医诊断样品保存与运输技术规范》标准。

本项成果形成的国家和行业标准，在我国畜禽养殖生产、屠宰加工、监管、检测及安全评价等领域或环节得到了广泛应用，支撑推进我国无公害、绿色食品事业的发展和进步。

成果 57

畜禽产品质量安全风险因子识别与评估技术研究及应用

主要完成单位： 江西省农业科学院农产品质量安全与标准研究所
中国农业科学院农业质量标准与检测技术研究所
宁都县畜牧兽医局

主要完成人员： 罗林广　邱　静　张大文　钱永忠　廖且根
邱素艳　许彦阳　张　莉　张金艳　何清华
胡丽芳

成果主要亮点：

该成果采用风险评估的原理和方法，进行了近 10 年的研究，形成了一系列的国家标准、装置产品、技术规范等技术成果。相关技术成果支撑了畜禽产品关键风险因子的预警防控和高效监管，为畜禽产品质量安全的事前预警提供了强有力的技术支撑。

1. 研发了基于功能化多孔纳米金盘等新型纳米材料的畜禽产品风险因子快速可视化识别技术、210 种药物同步高通量筛查技术，以及覆盖全链条的典型药物定量确证关键技术，实现了对产前投入品、产中养殖活体动物和产后终端产品等全链条风险因子高效识别及重点防控。

2. 为进一步提高风险因子识别效率，创制了黄曲霉毒素 B_1 和卡那霉素核酸适配体亲和柱，研制了以 Fe_3O_4 为核，聚吡咯、聚间苯二胺、MCX 为壳的核壳磁纳米材料；研制成了一次可自动同时处理 9 个样品且每个样品研磨效果均一的“平行研磨仪”；研发可同时净化吸附和滤膜过滤的多功能针式过滤器，提取液经过滤器后可直接上机分析，净化时间少于 1 min，与传统的 QuEChERS 方法相比，效率提高 10 倍以上。

3. 针对识别发现的潜在风险因子，开发了基于网络大数据的农产品质量安全风险因子排序系统。整合评估数据、残留限量、毒理数据、膳食摄入等多维度数据，实现按产品和风险因子类别、生产区域等多角度的可视化呈现，为锁定监管重点提供了重要技术手段。

成果制定国家（行业）标准 2 项，获得授权发明专利 8 件，实用新型专利 1 件，获软件著作权 2 项，发表论文 33 篇（其中 SCI 收录 11 篇），高效前处理装置 2 个，出版科普著作 1 部，制定江西省地方散养优质肉鸡养殖环节质量安全管控指南 1 项。

成果 58

新疆特色果品质量安全关键危害因子监测、评估及防控技术

主要完成单位： 新疆农业科学院农业质量标准与检测技术研究所
中国农业科学院果树研究所
新疆农业科学院园艺作物研究所
新疆果业集团有限公司
新疆硒源康农业科技有限公司

主要完成人员： 王　成　聂继云　赵多勇　李志霞　何伟忠
马　凯　康　露　刘峰娟　宋　斌　钱宗耀
杨　玲　塔吉尼沙·托合提

成果主要亮点：

本项目立足新疆农村经济发展的支柱产业——新疆特色林果产业，针对新疆特色林果下游产业发展中存在的质量安全问题，经过近 10 年的系统研究和攻关，取得多项关键技术突破。

具体科技创新如下：

1. 构建了适合新疆荒漠绿洲生态区特点并覆盖农药、重金属等关键危害因子的监测技术体系。基于样品采集及高效前处理技术，建立了适合新疆生态特点并覆盖关键危害因子的监测技术体系，形成了 7 套涉及特色果品中 125 种危害因子的多残留检测方法，提升了特色果品质量安全监测技术能力和水平。

2. 系统研究了关键危害因子的危害程度，明确了各关键危害因子的风险级别。通过对主产区果品危害因子的连续、系统监测与评估，探明了新疆主要果品质量安全高风险危害因子的种类、现状及发展趋势，并建立了以红枣、葡萄、香梨、苹果、杏为代表的新疆特色果品关键危害因子风险

评估技术体系，为新疆安全、绿色、优质果品的健康发展提供了科学依据。

3. 构建了果品质量安全标准与评价方法、管控指南，建立了新疆特色果品全程防控技术体系。通过确立特色果品生产全过程质量安全关键控制点，形成以红枣、葡萄、香梨、苹果等为代表新疆荒漠绿洲生态区特色果品全程质量控制技术体系，推动特色果品生产的标准化和规范化。

成果 59

生鲜乳及液态奶制品质量安全控制关键技术及应用

主要完成单位： 新疆农业科学院农业质量标准与检测技术研究所
中国农业科学院北京畜牧兽医研究所
新疆维吾尔自治区奶业办公室　乌鲁木齐市奶业协会
新疆西域春乳业有限责任公司
新疆维吾尔自治区地方国营乌鲁木齐种牛场

主要完成人员： 郑　楠　刘慧敏　陈　贺　王　成　王加启
张养东　王富兰　赵艳坤　刘圣红　王　帅
林　萍　范盈盈

成果主要亮点：

质量安全是奶业发展的生命线。本项目经过 10 余年的科技攻关，开展了系统研究及应用。

主要科技创新包括：

1. 系统构建了新疆生鲜乳及液态奶制品质量安全风险因子数据库。

2. 开发系列关键风险因子通量检测方法，构建乳中微生物活菌快速检测技术平台。

3. 研制巴氏杀菌乳和 UHT 灭菌乳中复原乳鉴定标准；开发出液态奶质量评价技术，创建优质乳工程技术规范。

项目成果申请国家专利 16 件，授权 9 件，其中国家发明专利 4 件；发表相关论文 52 篇，其中 SCI 收录 23 篇；制定国家标准、农业行业标准共 15 项，制定地方标准 1 项；出版专著 6 部；软件著作权 7 项；撰写科普文章 7 篇。

本项目创新成果可为乳品质量安全管理提供技术支撑，对提高国内乳品形象、增强公众消费信心具有重要意义。

成果 60

邻甲酰胺基苯甲酰胺类杀虫剂在食用菌上的检测方法

主要完成单位：中国农业科学院郑州果树研究所

主要完成人员：田发军　乔成奎　罗　静　郭琳琳　庞　涛
庞荣丽　李　君　王彩霞　王瑞萍　谢汉忠

成果主要亮点：

邻甲酰胺基苯甲酰胺类杀虫剂具有独特的活性位点和选择性，对哺乳动物具有低毒性，目前正在全世界广泛的登记和应用。日本、欧盟等一些发达国家和地区已经制定了邻甲酰氨基苯甲酰胺类杀虫剂在食用菌上最大残留限量（MRL）。因此，探寻其在食用菌上的残留分析方法具有重要意义。

本研究建立了该类杀虫剂在食用菌上的残留分析方法，通过运用改进的 QuEChERS 前处理技术和高效液相色谱－串联质谱联用（HPLC-MS/MS）技术，在 5 min 内即可完成对该类杀虫剂的定量检测，结果表明该方法的灵敏度和准确性优于先前报道的单一农药检测方法，并且该方法具有操作简便和检测快速的特点。该方法的建立也为我国该类杀虫剂在食用菌上最大残留限量（MRL）标准的制定提供一定的支撑。相关研究成果 2020 年发表在国际食品科技期刊 *Food Chemistry* 上。

成果 61

果品质量安全监测、评估与控制技术及应用

主要完成单位：中国农业科学院郑州果树研究所

主要完成人员：谢汉忠　庞荣丽　方金豹　李　君　罗　静　樊恒明　黄玉南

成果主要亮点：

1. 基于高效液相色谱 - 串联质谱仪，研究了农药产品中 30 种隐性成分检测技术方法。简化了前处理步骤，建立了桃果实、叶片和土壤中草甘膦（PMG）及其代谢物氨甲基膦酸（AMPA）的检测新方法。

2. 优化果品中有机酸、果胶、挥发性成分提取技术，建立了相应的高效检测方法。

制定农业行业标准《水果中有机酸的测定　离子色谱法》（NY/T 2796—2015）。该方法有机酸组分提取完全（回收率大于 91.0%），分离效果佳（15 min 内分离完全），稳定性高（有机酸组分 15 日之内稳定），更能真实地反映出水果果实中原有的有机酸组分和含量。

制定农业行业标准《水果及其制品中果胶含量的测定　分光光度法》（NY/T 2016—2011）。该方法的准确度（回收率大于 85.0%）和精密度高（变异系数小于 4.0%），重复性（重复性变异系数小于 3.0%）和再现性好（再现性变异系数小于 5.0%），适合于果胶含量不同的各种果品中果胶含量的测定。

3. 开展了 6 种果品（苹果、梨、桃、樱桃、枣、石榴）危害因子风险评估，为我国果品质量安全监管提供了科技支撑。

4. 基于危害因子数据库管理，建立了主要树种的安全生产技术规程。

针对我国葡萄、苹果生产区实际情况及生态环境特点，以提高果品质量安全为核心，综合建园、土肥水管理、整形修剪、花果管理、病虫害防治、投入品使用、采收等关键控制环节，研制了鲜食葡萄、渤海湾地区苹果生产全程控制技术。

成果 62

农产品营养品质评价及分等分级专项

主要完成单位： 农业农村部食物与营养发展研究所

主要完成人员： 王　靖　梁克红　仇　菊　韩　娟　朱　宏　郭燕枝　朱大洲　韩　迪　张婧捷　赵博雅　赵　欣　陈　雪

成果主要亮点：

为了落实《国民营养计划（2017—2030 年）》，农业农村部食物与营养发展研究所主持承担了农产品营养品质评价及分等分级专项，专项由营养所牵头，9 家单位参与完成，对食用菌、油料产品、牛肉、稻米、果品、奶产品、木薯和食药同源农产品等农产品开展了营养品质评价及分等分级工作。专项就农产品营养品质评价及分等分级学术术语开展了研究工作，同时对食物与营养监测评价学科建设进行深入的梳理和研究。主办了农产品营养品质评价及分等分级学术研讨会暨国家农产品营养品质科技创新联盟成立大会，专家围绕“大食物、大营养、大健康”理念，为共同谋划推进好农产品营养品质工作，推动农业高质量发展要求进行了深入探讨。食物与营养发展研究所不断完善农产品营养品质评价及分等分级体系建设，先后开展食物资源种类、数量、分布的动态监测；围绕分等分级评价技术驱动将仪器分析与化学计量学进行有机整合，构建多维云技术农产品营养品质评价 Mc-EPS 系统和具备核心功能的农产品分等分级人工智能 AIAG 平台；结合区块链技术，建立农产品资源营养数据和消费信息可视化中心，实现信息可追溯、分级共享等内容。目前已经成立的农产品营养品质科技创新联盟，将着力解决农产品营养品质监测评价全局性重大战略与共性技术难题和应用发展导向型关键问题，开展农产品营养品质监测评价与应用科研协同创新。

成果 63

我国农产品营养标准体系构建

主要完成单位：农业农村部食物与营养发展研究所

主要完成人员：孙君茂　朱大洲　黄家章　徐海泉　郭燕枝
仇　菊　梁克红　朱　宏　刘　锐

成果主要亮点：

1. 将农产品营养标准初步划分为基础标准、营养成分检测方法标准、营养品质评价标准、营养标签标识标准、产品标准和生产技术规程 6 个方面。从营养角度将农产品初步划分为 3 类，开展分类评价。

2. 普通农产品营养评价。普通农产品如大米、小麦和猪肉等，强调基础地位，重点分析主要提供的营养素种类，评价营养素的全面性、均衡性和独特特征。

3. 功能性农产品营养评价。功能性农产品，如枸杞、蓝莓与燕麦等具有一定功效作用的农产品、食药同源产品，强调补充促进地位，重点评价其特征性营养成分和健康功效。

4. 营养强化农产品评价。营养强化农产品，如富硒稻谷和铁锌强化小麦等，强调特殊人群，重点评价强化的营养素含量水平。

5. 生鲜农产品营养标签。现有《预包装食品营养标签通则》中，重点是针对预包装食品，对鲜活农产品是豁免的。项目组提出了针对生鲜农产品的营养标签标示思路、指标及标示方式。

成果 64

棉花质量提升标准体系创建与应用

主要完成单位： 中国农业科学院棉花研究所
安徽省农业科学院棉花研究所
安徽中棉种业长江有限责任公司
新疆农业科学院经济作物研究所　　南京农业大学

主要完成人员： 王延琴　郑曙峰　马　磊　彭　军　陆许可
阚画春　匡　猛　徐道青　唐淑荣　周大云
艾先涛　周治国　周关印　张文玲　高　翔

成果主要亮点：

本项成果为获得抗逆性强的棉花种质资源新材料、棉花新品种培育及标准化植棉提供了新方法，对促进我国棉花质量提升、可持续发展及提升国际市场竞争力提供了科技支撑。

1. 建立了棉花抗逆鉴定技术体系，推动了棉花抗逆育种进程。筛选和选育抗逆性能强的品种是提高作物在逆境条件下产量和品质的有效手段。制定的《棉花抗旱性鉴定技术规程》（NY/T 3534—2020）、《棉花耐盐性鉴定技术规程》（NY/T 3535—2020）、《棉花耐渍涝性鉴定技术规程》（NY/T 3567—2020）3 项国家农业行业标准和 1 项省级地方标准，规范了棉花抗逆性的鉴定时期、鉴定条件、试验设计、试验管理、结果分析及判定规则等。研制的《棉花耐渍涝性鉴定管理信息系统》《棉花抗旱性鉴定管理信息系统》《棉花耐盐性鉴定管理信息系统》《棉花抗逆性鉴定管理信息系统》等，获得计算机软件著作权 4 项，系统具有棉花抗逆性种质资源数据库的管理、抗逆性鉴定试验的管理及结果分析等功能。

2. 创建了机采棉种植标准化技术体系，为棉花优质高效生产提供了技术支撑。制定的农业行业标准《西北内陆棉区机采棉生产技术规程》

（NY/T 3084—2017），服务于棉花的规模化种植、标准化生产和机械化采棉。

3. 建立了棉花检测技术体系，推动了棉花质量的提高。针对种子和纤维质量评价，制定了农业行业标准《棉花品种纯度田间小区种植鉴定技术规程》（NY/T 3760—2020）和《棉纤维物理性能试验方法 AFIS 单纤维测试仪法》（NY/T 3272—2018），发明了 1 种基于近红外光谱的棉花种子发芽率测定方法及系统。

成果 65

名特优农产品品质评价与标识关键技术研究与应用

主要完成单位： 甘肃省农业科学院农业质量标准与检测技术研究所（甘肃省农业科学研究院畜草与绿色农业研究所）
甘肃省农业科学院生物技术研究所
甘肃省农业科学院旱作农业研究所

主要完成人员： 白　滨　李瑞琴　欧巧明　董　博　黄　铮
寇向龙　刘新星　李　婷　李玉芳　张朝巍
柳利龙　崔文娟　厍毅清　李忠旺　王红梅
罗俊杰　石有太　郭天文　姜小凤　冯守疆
曾　骏　夏方琴

成果主要亮点：

甘肃省地形东西狭长、南北跨度大，气候类型多样，高海拔、冷凉、干旱、长日照等独特的地理和气候条件造就了丰富的生态类型和生物种类，产出了众多具有地域特色的名特优农畜产品。但相对而言，农产品的总体效益提升缓慢，这主要是营养品质现状不清、标识不明等原因造成的。因此开展此项研究，为种质创新、品质提升及特色产业可持续发展提供技术支撑。

成果经甘肃省科技发展促进中心组织有关专家进行成果评价，认为成果的技术成熟度达到 9 级，技术创新度达到 5 级（该技术创新点在国内范围内未见相同文献报道），技术先进度达到 5 级（在国内，该成果的核心指标值领先于该领域其他类似技术的相应指标）。

成果以兰州百合、岷县当归、靖远滩羊 3 个名特优农畜产品为代表产品，通过品质评价指标、产地环境质量评价、基本营养品质及特质性营养品质检测分析评价、检测技术优化、评价标识技术等研究，构建名特优农产品品质评价指标体系及标识技术体系；构建兰州百合、岷县当归特色植物的DNA条形码及DNA指纹图谱、分子标识身份证代码及网络标识二维码；研究DNA条形码及SSR标记结合的DNA指纹标识方法，建立百合、当归、党参等的分子标识技术体系；建立兰州百合、岷县当归适宜分区及产地环境和品质指标因子数据库，构建名特优农畜产品品质评价模型、发布平台及品质标识数据库。

成果建立了N+X名特优农产品品质评价鉴定方法；建立了以品质指标、产品质量安全、产地环境质量、检测技术和评价技术等为基本构成要素的品质标识方法；建立了兰州百合品质评价方法及等级；首次构建了兰州百合、岷县当归、黄芪等特色植物的DNA条形码及DNA指纹图谱、分子标识身份证代码及网络标识二维码各3套；建立了名特优农畜产品发布平台，品质标识数据库各1套。成果发表论文12篇，授权实用新型专利3件，申请发明专利1件，获得软件著作权4项。

成果形成的名特优品质评价指标体系、品质评价技术、品质标识技术、发布平台和数据库等，在甘肃省农业农村厅2019—2020年启动的甘肃省特色优势农产品评价项目中的特色优势农产品评价方案的制定环节及“甘味”农产品推介环节中得到应用和推广。

成果 66

农产品重金属检测及安全评价关键技术研究与应用

主要完成单位： 广东省农业科学院农产品公共监测中心
中国农业科学院农业质量标准与检测技术研究所
北京吉天仪器有限公司
深圳市易瑞生物技术股份有限公司
广东海纳农业有限公司

主要完成人员： 王　旭　毛雪飞　耿安静　陈　岩　王富华
钱永忠　李　伟　王　敏　朱　海　钟振芳

成果主要亮点：

系统创建了农产品重金属总量及其形态的高效快速检测方法；研制了一系列多套重金属总量和形态检测仪器及前处理设备；在此基础上全面开展了广东省农产品重金属污染风险科学性评估，实现了检测技术方法创新、仪器设备产品创新与安全评价应用创新。

项目成果的技术要点主要有以下 3 方面：

1. 率先应用振转耦合自动前处理提取技术和整体色谱柱流速梯度形态分离技术，建立了基于液相色谱电感耦合等离子体质谱联用仪和形态分析仪的 10 项检测方法，涵盖 12 种形态砷、5 种形态硒、4 种形态汞和 3 种形态锑等。突破了重金属价态分离差的难题，灵敏度提高了 10 倍，为开展基于重金属不同形态毒性的风险评估提供了精准技术手段。

2. 创建多孔碳 / 石英电热蒸发样品导入技术，原子阱基体干扰消除技术和灯内紫外在线高效消解技术，并在此基础上研发了 10 个系列的高效重金属前处理及检测设备。突破传统酸碱消解效率低及快速测定基质干扰大的瓶颈，实现了直接固体进样，检测时间由 8～10 h 缩短到 10 min

左右。

3. 应用建立的新型检测技术和研发的高效仪器设备，检测广东省18个地市7 279个样点的农产品重金属，基于获得的数据，通过对广东省农产品重金属全面系统的Monte-Carlo暴露风险评估及土壤－农产品－动物体系内的迁移和形态转化机制解析，回答了农田重金属超标而种出的农产品不一定超标的原因，提出标准制修订建议和污染物控制措施，指导安全种植，引导科学认知。

成果 67

高通量重金属检测技术的研发及其在农用地质量安全监控中的应用

主要完成单位： 广东省农业科学院农产品公共监测中心
广东省农业环保与农村能源总站
梅州市农产品质量安全监督检验测试中心
广东农科监测科技有限公司

主要完成人员： 杜瑞英　文　典　王　旭　黄永东　李富荣

成果主要亮点：

项目组经过多年研究，提出微敞开消解理论体系，研发微敞开快速石墨消解技术及其配套消解器材，建立了新型高通量重金属检测技术体系，并推广应用于农用地质量安全监控。

项目技术要点如下：

1. 以消化－赶酸效率平衡理论和水汽循环理论为支撑，首次提出微敞开消解理论，为提高易挥发金属的回收率、简化消化步骤奠定基础。

2. 研发样品前处理微敞开体系消化器材，提高了消化效率。研发消解管、消解酸液回流收集管等一系列微敞开消化器材，获批专利 6 件，并推广应用于相关企业将其市场化。

3. 制定了标准化的样品消解流程，实现了快速、准确、无人工干预的样品前处理，建立微敞开快速石墨消解技术。针对不同类型样品制定了标准化消化流程，实现不同基质样品的多金属元素同时准确检测。

4. 建立高通量多金属检测技术体系，实现不同基质样品 38 种元素同时前处理和检测。该技术步骤简单快速，流程标准化，检出限低，结果稳定性和准确性高。发表学术论文 31 篇（其中 SCI 收录 7 篇、累计影响因子 20.3）。

成果 68

主要水果农药残留全链溯源关键技术及两源融合溯源体系与应用

主要完成单位：安徽农业大学　　中国农业大学

主要完成人员：花日茂　　张友华　　吴祥为　　巫厚长　　潘灿平

成果主要亮点：

本技术针对省级农产品质量安全高效监管、农产品扫码跟踪、快速检测数据融合、区块链追溯、消费者扫码知情消费的全过程管控需求开展溯源技术攻关。

研究构建了农产品危害物溯源解析技术，在线二维码自动生成方法；建立了本底数据库和本体知识库；通过集成信息标识、采集、交换、物流跟踪技术，基于农产品生产、加工、运输、销售、消费等环节，创建基于多节点、流程可定制的农产品危害物溯源技术体系；研发出多产品、全链式、在线防伪的农产品质量安全追溯平台。

平台针对主要农产品种类，设置水果、蔬菜、茶叶、中药材、水产、畜禽、粮油及其他农产品等八大板块，具有绿色食品和有机农产品区块链溯源、"三品一标"农产品溯源、农产品快速检测、食用农产品合格证等系统功能，形成了农产品质量安全追溯技术系统，推进省、市、县各级农业主管部门和生产经营主体一体化农产品质量安全智慧监管。

到 2020 年底，实现近 13 000 家生产经营主体进入平台，产生了近 400 万条农业生产投入品、农事作业、产品二维码等质量安全信息数据。

成果 69

富硒稻米风险评估与标准化

主要完成单位：中国科学院沈阳应用生态研究所
北京市农业环境监测站

主要完成人员：王世成　李国琛　欧阳喜辉　李　玲　李　波
崔杰华　方运霆

成果主要亮点：

近年来，富硒农产品呈现蓬勃发展的态势。

本项目通过采集辽宁省内水稻样品 318 个、土壤样品 155 个、硒肥样品 11 个，开展了富硒稻米生产调查和风险评估工作，为富硒稻米的安全生产和标准化提供了技术参考。

1. 明晰了辽宁省稻米种植土壤中硒含量情况和富硒稻米中硒含量情况。

2. 施肥方式是对稻米有机硒形态影响的主要因素。与叶面施硒酸盐类硒肥相比，土壤根施无机硒肥和叶面喷施纳米硒肥，稻米中硒代氨基酸占总硒比例更高、膳食更安全、活性营养成分更高。

3. 编制了《富硒稻米质量控制技术规范》。编制了辽宁省地方标准《富硒稻米质量控制技术规范》，从产地环境、生产过程（施硒肥方式）、采收储运等方面进行了标准化。

4. 建立了粮食中硒代氨基酸的测定方法并获批农业标准 1 项。开展了稻米、小麦等粮食中硒代氨基酸的测定方法研究。《粮食中硒代半胱氨酸和硒代蛋氨酸的测定液相色谱 - 电感耦合等离子体质谱法》（NY/T 3556—2020）已正式颁布。

成果 70

QuEChERS 前处理方法对蔬菜、水果中农药多残留的测定

主要完成单位：郑州市农产品质量检测流通中心

主要完成人员：王毅红　李　莺　申战宾　段鹿梅　朱其从　秦喜玲　尚航影　张海霞　戚文华　董素静

成果主要亮点：

本方法分为两部分。第一部分，58 种农药残留在 GC-MS/MS 上的测定；第二部分，41 种农药残留在 LC-MS/MS 上的测定。

该方法前处理方法简单、快速、使用仪器数量少，可快速完成大量样品中农药残留的筛查工作，提高了检测时效，降低了人员、仪器、废液处理成本。

成果 71

柴达木盆地枸杞田土壤砷、镉空间变异及修复机理研究

主要完成单位：青海省农林科学院
农业农村部农产品质量安全风险评估实验室（西宁）

主要完成人员：肖　明　　杨文君　　崔明明　　孙小风　　韩　燕
耿贵工

成果主要亮点：

开展污染土壤修复是解决农田土壤重金属污染问题的重要举措。本研究以柴达木盆地诺木洪农场绿色枸杞产业园区 100 km^2 农业用地为研究区，开展农场尺度土壤重金属空间数据库建设，并探索土壤 As、Cd 输入、输出及迁移积累规律，最终通过修复植物筛选，构建修复方案。

完成了柴达木盆地枸杞主产区诺木洪农场中尺度水平土壤重金属 As、Cd 空间分布特征分析，绘制空间分布图；探索了柴达木盆地枸杞种植田土壤 As、Cd 输入、输出及迁移积累规律，分别提出积累数学模型；完成了柴达木盆地本地 As、Cd 富集植物筛选；提出了柴达木盆地枸杞种植田土壤 As、Cd 修复路线。

成果 72

基于稳定同位素及营养组分的枸杞产地识别技术研究

主要完成单位：青海省农林科学院
农业农村部农产品质量安全风险评估实验室（西宁）

主要完成人员：韩　燕　　孙小凤　　崔明明　　郑耀文　　耿贵工

成果主要亮点：

中国有名的枸杞产区主要有宁夏、青海、新疆、甘肃等地。由于受生长环境、地理位置等因素影响，不同产区枸杞具有各自的地域特征。增加青海枸杞的辨识度，提升青海枸杞的市场占有份额，亟须用科学的技术手段对枸杞的产地来源进行识别和确证，从而促进枸杞产业的健康发展。

该研究确定了进行枸杞产地识别的有效检测指标，通过对指纹信息的显著性分析，枸杞中 4 种稳定同位素比值和 6 种主要营养组分含量在不同产区间呈现不同程度的差异性，尤以稳定同位素 $\delta^{2}H$ 值和甜菜碱含量表现最明显；主成分分析发现稳定同位素 $\delta^{2}H$、$\delta^{15}N$、$\delta^{18}O$、类胡萝卜素、甜菜碱、总黄酮是枸杞潜在的产地识别有效检测指标；同时确定了一种干果枸杞进行稳定同位素测定时的前处理方法；构建了不同枸杞产区及针对青海枸杞产地识别模型。采用典型判别分析和支持向量机分析方法针对青海枸杞与其他枸杞（即将宁夏、甘肃和新疆枸杞归为一类）进行识别，其模型的产地识别率分别为 94.0% 和 96.75%，有效提高了对青海枸杞的产地识别效果。

成果 73

畜禽产品中主要化学危害因子关键检测技术建立与应用

主要完成单位： 宁波市农业科学研究院（宁波市农产品质量检测中心）
中国动物疫病预防控制中心
浙江迪恩生物科技股份有限公司
宁波高新区绿邦科技发展有限公司

主要完成人员： 吴银良　王旻子　张明洲　杨　挺　朱　勇
张　亮　付　岩

成果主要亮点：

1. 采用多簇人工抗原、多元抗体、直接竞争 ELISA 等国内外先进技术，构建了畜禽产品中 β - 受体激动剂类等四大类药物多组分快速检测产品体系，成功研制兽药残留快速检测试剂盒（卡）18 个，授权国家专利 8 件（其中，发明专利 5 件），发表 SCI 论文 2 篇。

2. 采用了多壁碳纳米管新型前处理技术，同位素稀释技术等国际前沿技术，建立了快检产品配套确证技术并制定相关药物检测方法标准 7 项，发表 SCI 论文 11 篇。

3. 研制了 2 种标准物质。项目成果在多个省市推广应用，在提升我国动物性食品质量安全水平方面发挥了重要作用。

成果 74

鱼虾保活贮运中常见镇静剂的残留识别评价及关键控制技术

主要完成单位： 中国水产科学研究院
中国水产科学研究院南海水产研究所
中国水产科学研究院东海水产研究所

主要完成人员： 李晋成　刘　欢　柯常亮　于慧娟　韩　刚

成果主要亮点：

本项目开展了识别确证技术、代谢规律、全程关键控制点及配套管控技术的系统研究，建立了鱼虾保活贮运中镇静剂安全科学合理使用技术规范，为镇静剂在鱼虾保活贮运中安全科学合理的使用提供了科学依据。项目报批国家检测标准 3 项，获授权专利 7 件，发表论文 31 篇，主编著作 2 部，制定技术规范 1 项。成果在检测机构和水产养殖企业中得到了广泛的推广应用，取得了经济和社会效益。

主要技术要点如下：

1. 研制出可精准定量甲基丁香酚的同位素内标标准品；首次采用同位素稀释定量等技术，研发了 10 种常见镇静剂 16 种色谱质谱联用精准测定方法，3 套前处理装置，创建了鱼虾中镇静剂残留“提取 - 净化 - 检测”的全程检测技术体系。

2. 开展了丁香酚残留量的安全性评价。

3. 摸清了丁香酚等 2 种镇静剂在草鱼等大宗水产品代表品种的代谢规律，提出了丁香酚残留安全量值、停用期；阐明了丁香酚在活鱼捕捞、运输、暂养等过程中的安全使用条件及剂量，提出了关键控制点及配套技术规范。

成果 75

宁夏葡萄酒关键质量因子综合评价体系构建与创新应用

主要完成单位： 宁夏农产品质量标准与检测技术研究所
西北农林科技大学

主要完成人员： 葛　谦　张　艳　马婷婷　孙翔宇　苟春林
赵子丹　苏　龙

成果主要亮点：

该成果属于葡萄酒质量品质控制研究领域，针对宁夏葡萄酒品质及安全问题，开展了从酿酒葡萄到葡萄酒全产业链关键品质因子解析及危害因子评估的系统研究。

1. 基于液相（气相）－质谱串联技术，系统构建了葡萄及葡萄酒中品质指标和危害指标的检测方法技术体系：6 种花色苷、15 种单体酚、7 种有机酸的品质指标和纳他霉素、赭曲霉毒素 A、4- 乙基苯酚、4- 乙基愈创木酚的危害指标，推进解决了葡萄酒品质及质量安全研究领域研究方法技术难题。

2. 基于葡萄酒花色苷、酚酸和黄烷醇、有机酸等品质特征构建了贺兰山东麓葡萄酒产地和品种识别技术体系，判断正确率达 93.3%～100%。确定了评价葡萄酒颜色品质的关键指标为锦葵色素、矮牵牛色素和飞燕草色素，形成了宁夏葡萄酒品质综合评价体系，推进解决了葡萄酒品质评价标准化难题。揭示了葡萄果实成熟过程 6 种花色苷累积规律和葡萄酒酿造过程中 15 种颜色指标，并提出了葡萄酒工艺品质提升的关键控制点。

3. 系统构建了宁夏葡萄及葡萄酒危害因子评估的科学方法和污染数据库，有效提升了宁夏葡萄酒质量安全风险预警和风险防控能力。揭示了葡萄酒酿造过程中纳他霉素、赭曲霉毒素 A、马味物质（4- 乙基苯酚、4- 乙基愈创木酚）及其前体物质变化规律，提出了葡萄酒质量安全的关键控制点，降低了葡萄酒生产过程中的安全风险。建立了葡萄酒中纳他霉素、赭曲霉毒素A的降解方法，筛选获得了一株抗铜酵母，并初步探明了其吸附机制为离子交换和胞内吸收，切实提高了葡萄酒风险因子的控制水平。

该成果发表了相关学术论文14篇，其中SCI 5篇、EI 2篇，北大中文核心4篇。制定宁夏地方标准1项，登记成果1项，授权发明专利1件。培养博士生1名，培训技术人员70人次。受邀在欧洲食品协会大会报告1次。

成果 76

《枸杞中甜菜碱含量的测定　高效液相色谱法》标准研究

主要完成单位：宁夏农产品质量标准与检测技术研究所

主要完成人员：王晓菁　牛　艳　吴　燕　姜　瑞　张锋锋

成果主要亮点：

宁夏是中国枸杞的原产地，宁夏枸杞（*Lycium barbarum* L.）系茄科枸杞属宁夏枸杞种，是中国西部地区特色农产品，栽培历史悠久。现代药理学研究一般认为枸杞的活性成分中，有药理作用的有甜菜碱、枸杞多糖、类胡萝卜素等。其中甜菜碱是枸杞中主要的生物碱之一，它是一类季铵盐化合物，在植物体内起甲基供应体的作用。枸杞体内以甜菜碱为代表的碱性物质在口感上表现为苦，作为宁夏枸杞道地性指标之一，被高度关注。

研究甜菜碱在枸杞体内生物利用率、代谢等都需要测定其准确含量。

本成果以鲜枸杞、干枸杞为研究对象，试样用甲醇水溶液（甲醇：水 =2.5：7.5）匀浆提取、离心后，取上清液，经 MCX 固相萃取小柱（混合型阳离子交换固相萃取小柱）吸附净化、乙腈溶液（乙腈：水 =7.5：2.5）定容、液相色谱－紫外检测仪检测，研发了枸杞中甜菜碱的测定方法，制定了《枸杞中甜菜碱含量的测定　高效液相色谱法》（NY/T 2947—2016）标准。为枸杞中甜菜碱的定量分析提供了切实可行的有效方法，对枸杞中甜菜碱完全有效提取、净化具有指导作用，进一步完善了枸杞有效成分检测方法体系。

成果 77

《枸杞中总黄酮含量的测定 高效液相色谱法》标准研究

主要完成单位： 宁夏农产品质量标准与检测技术研究所

主要完成人员： 王晓菁 吴 燕 牛 艳 张锋锋 姜 瑞 白小军

成果主要亮点：

现代医学研究证明，枸杞有免疫调节、抗氧化等功能。枸杞的药用功能与其所具有的有效成分密切相关，黄酮类化合物为主要有效成分之一。随着枸杞黄酮的提取以及鉴定的深入研究，有必要建立完善、科学准确的枸杞中总黄酮含量的测定方法，从而为枸杞中黄酮类物质的提取以及枸杞的质量监测提供技术支撑。

该成果以枸杞为研究对象，采用紫外－可见分光光度仪或液相色谱仪检测，研究枸杞中总黄酮的测定方法。分光光度法：试样经 70% 乙醇提取后，在弱碱性条件下，黄酮类化合物与铝盐生成螯合物，加入氢氧化钠溶液后显色，在波长 510 nm 处测定吸光度值。在一定浓度范围内，该螯合物的吸光度值与总黄酮含量呈线性关系，从而与标准系列比较来定量分析。液相色谱法：样品用 70% 甲醇水溶液超声提取，用液相色谱－紫外检测器在波长 360 nm 处测定，外标法定量。

成果 78

《黑果枸杞中花青素含量的测定　高效液相色谱法》标准研究

主要完成单位：宁夏农产品质量标准与检测技术研究所

主要完成人员：赵子丹　牛　艳　王晓菁　陈　杭　葛　谦

成果主要亮点：

黑果枸杞（*Lycium ruthenicum* Murr.）为茄科（Solanceae）枸杞属（*Lycium* L.）多年生灌木，其成熟浆果中富含花青素，属于典型的天然花色苷类植物色素资源。研究表明，花青素可以有效清除身体内的自由基，具有抗氧化等作用。枸杞产业是宁夏现代农业特色主导产业之一，对调整经济结构、优化产业布局、促进农民增收有积极的推动作用。黑果枸杞作为枸杞属植物中新兴的产品，具有重要的经济价值。自然条件下游离状态的花青素极少见，常与一个或多个葡萄糖、鼠李糖、半乳糖、阿拉伯糖等通过糖苷键形成花色苷。花色苷种类复杂、品种众多，直接分析这些化合物存在极大的难度。但是将花色苷酸解，形成花色素单体后，再分析花青素来确定花色苷的成分就成为一种简便有效的分析方法。目前，主要有 6 种常见的花青素，分别为飞燕草色素、矢车菊色素、牵牛花色素、天竺葵色素、芍药色素和锦葵色素。

酸解会将花色苷转化成一种或几种花青素，最终确定花青素的组成，本成果以黑果枸杞为试验材料，利用高效液相色谱法同时对 6 种花色素组分进行分析，采用 C_{18} 色谱柱，以乙腈与 0.1% 磷酸溶液为流动相，进行梯度洗脱，25 min 内完成分析过程，且同时可保持全部 6 种花色素的基线分离度。该方法的建立可为枸杞质量检测部门、加工企业等测定黑果枸杞中花青素含量提供检测依据，对厘清黑果枸杞的功效价值具有理论意义和实际意义。

成果 79

《葡萄及葡萄酒中花色苷的测定　高效液相色谱法》标准研究

主要完成单位： 宁夏农产品质量标准与检测技术研究所

主要完成人员： 葛　谦　刘　冰　路　洁　赵子丹　陈　杭　牛　艳　张　艳　王晓菁　袁亚宏　吴　燕　张锋锋　苟春林　陈　翔　魏晓琴

成果主要亮点：

该成果紧紧围绕葡萄及葡萄酒中 6 种花色苷单体，对样品前处理的提取溶剂、色谱条件等进行了优化。通过回收率试验，研究了方法的准确度、精密度以及标准曲线，最终建立了葡萄及葡萄酒中花色苷高效液相色谱检测方法。

该方法精密度高、准确性好，6 种花色苷单体在 30 min 内完全分离，具有很强的适用性。

该方法的建立为葡萄及葡萄酒品种的优选，质量的监测以及颜色品质的提升提供技术支撑。

成果 80

不同酿酒葡萄品种有机酸成分分析及对品质的影响

主要完成单位：宁夏农产品质量标准与检测技术研究所

主要完成人员：杨春霞　张　艳　王晓菁　葛　谦　赵子丹

成果主要亮点：

以贺兰山东麓酿酒葡萄与葡萄酒为对象，创新建立了酿酒葡萄及葡萄酒中 9 种有机酸分析的免试剂离子色谱法。

该方法成本低，分析组分多，应用于研究贺兰山东麓不同品种酿酒葡萄在成熟过程中的有机酸变化规律及在葡萄酒酿造过程中的有机酸组分及其含量变化规律，推进实现对酿酒葡萄及葡萄酒各产业链条中有机酸组分及含量准确分析。

该成果对提升酿酒葡萄及葡萄酒品质提供切实可行的技术支撑。

成果 81

宁夏地区不同品种枸杞中酚酸类化合物含量的比较研究

主要完成单位：宁夏农产品质量标准与检测技术研究所

主要完成人员：杨春霞　张　艳　牛　艳　赵子丹　石　欣
杨　静　张锋锋　刘　霞　谢志强　苟春林
李　冬　王晓菁　开建荣　李彩虹　王晓静

成果主要亮点：

针对枸杞功能成分筛查、识别、含量分析判定、品质评价方面缺乏相应检测技术标准的问题，重点开展了枸杞中总酚、酚酸化合物组分识别与含量分析检测技术研究，建立了枸杞中总酚测定的福林酚法、9 种酚酸同时分析测定的高效液相色谱法。方法准确度高，能满足枸杞中总酚和酚酸化合物含量测定要求。采用该方法首次对宁夏地区不同品种、不同采摘季节枸杞中总酚、酚酸化合物含量比较研究，确定了枸杞的主要酚酸为没食子酸、咖啡酸和阿魏酸。儿茶醛、儿茶素和绿原酸含量低，香豆酸、丁香酸和表儿茶素未被检出。探究了种植区域、品种、采摘季节对枸杞总酚、酚酸含量的影响。不同品种夏、秋果枸杞中总酚、主要酚酸在 4 个产区含量呈现显著或极显著性差异，儿茶醛、儿茶素和绿原酸含量差异不显著。项目研究结果为进一步开发枸杞的药用价值，确保枸杞质量安全提供技术支撑。发表核心期刊论文 2 篇，制定团体标准 1 项，参加学术交流 1 次，培养青年科技骨干 2 名。

成果 82

基于离子组学的不同产地枸杞子差异性研究

主要完成单位：宁夏农产品质量标准与检测技术研究所

主要完成人员：开建荣　王彩艳　李　冬　王晓菁　李彩虹
杨　静　赵子丹　刘　霞　牛　艳　石　欣
赵丹青　吴　燕　杨春霞　葛　谦　张　艳

成果主要亮点：

该成果以宁夏特色农产品枸杞为研究对象，开展了不同产地枸杞中离子组分布特征及差异性研究。

1. 建立了 ICP-MS 测定枸杞干果中 59 种元素的检测方法，可用于枸杞中多种元素的同时测定。

2. 对小尺度区域（固原、中卫、中宁和银川）枸杞中 26 种元素进行分析。

3. 对宁夏、甘肃、青海和新疆大尺度区域枸杞中的 56 种元素进行分析，阐明了宁夏、青海、甘肃和新疆 4 个产地枸杞中离子的组成和分布特征；构建了 4 个产地枸杞中 56 种元素的指纹图谱。

4. 构建了基于 Fisher 判别模型的宁夏、青海、甘肃和新疆 4 个产地判别模型，回代检验和交叉检验的正确判别率为 98.9% 和 88.9%，以已知样本对枸杞产地判别模型进行验证，正确判别率为 86.5%。

5. 摸清了枸杞干果中的 C、N 稳定同位素比值。

本项目发表论文 4 篇。

成果 83

宁夏道地中药材重金属迁移规律及污染评价

主要完成单位： 宁夏农产品质量标准与检测技术研究所

主要完成人员： 李彩虹　王彩艳　牛　艳　王晓静　杨春霞　开建荣　赵子丹　葛　谦　王　芳　杨　静　刘　霞　石　欣

成果主要亮点：

宁夏是国家西北道地中药材的重要产地之一，发展道地中药材产业不仅具有得天独厚的自然环境和资源条件，而且具有悠久的历史和产业基础。从近年的发展水平看，道地中药材产业已发展成为宁夏调整经济结构、支撑县域经济发展、促进农民增收和生态环境建设的特色优势产业。明确中药材重金属污染源头并加以有效控制，对提高中药质量、促进用药安全以及开拓国际市场等方面均具有重要作用。

通过对宁夏产甘草、黄芪植株根、茎、叶及种植土壤中砷、汞、铅、镉、铜 5 种重金属元素监测分析，探明了重金属在土壤和甘草、黄芪植株各营养器官中的分布、迁移规律；明确了重金属在中药材与土壤中含量的相关性，并依据《药用植物及制剂进出口绿色行业标准》中规定重金属残留限量，采用单项污染指数法和综合污染指数法对甘草、黄芪重金属污染风险进行了评价。

成果表明：宁夏道地药材甘草、黄芪清洁、无污染，产区土壤重金属含量属于安全级；甘草、黄芪中铜、铅、镉、砷、汞重金属元素含量与种植土壤和生长时间均具有一定的相关性；叶片对各重金属元素有较强的富集能力。这一研究成果为促进宁夏中药材可持续发展，提高市场竞争力，创建品牌产品奠定了理论基础。

成果 84

湖北省主要作物绿色标准化生产技术集成与推广应用

主要完成单位： 湖北省绿色食品管理办公室
湖北省农业科学院农业质量标准与检测技术研究所

主要完成人员： 彭立军　夏　虹　祁志红　周先竹　廖显珍
杨远通　胡军安

成果主要亮点：

项目组织多部门按照绿色认证标准化生产要求，集成创建了“品种选择与推广、耕地质量提升、农业生态环境保护、病虫害绿色防控与统防统治、绿色食品认证、绿色食品产业集群、绿色食品质量监管等”七大技术体系，并在全省粮、油、果、蔬、茶等大宗农作物进行大规模推广应用。采取农科教结合、项目资源整合、多学科融合、省市县乡四级联动、推广单位与新型市场主体互动、市场主导与政策引导共同推动的“三合三动”技术示范推广模式，提高了全省大宗作物规模化种植、标准化生产、产业化经营水平，有效增加了绿色优质农产品的供给，促进了农产品品牌建设，带动提升了农产品质量安全水平。

项目实施 5 年，累计创建国家级绿色食品原料标准化生产基地 25 个，认证绿色食品品牌 1 159 个，推广面积 9 688.3 万亩，为促进农业增效、农民增效、农业绿色发展和生态文明建设做出了积极的贡献。

成果 85

果蔬中交链孢毒素检测与防控关键技术创新与应用

主要完成单位：北京农业质量标准与检测技术研究中心

主要完成人员：王　蒙　　王刘庆　　姜　楠　　韦迪哲

成果主要亮点：

果蔬是我国居民膳食的重要组成部分，其质量安全备受关注。针对果蔬交链孢毒素污染源头难以控制、降解难度大、缺乏快速高灵敏检测方法等问题，系统研究了产毒调控机制与果实抗性应答机制，研制了新型高效的果蔬毒素污染控制技术及高灵敏的快检技术，为保障我国果蔬产品质量安全提供了强有力的技术支撑。

主要技术创新点如下：

1. 解析了植物提取物调控交链孢毒素合成的分子机制，创制了农产品中毒素污染源头防控新技术，有效降低毒素污染。项目组筛选出多种可显著抑制毒素累积的植物提取物，特别是厚朴酚和柠檬醛对毒素合成的抑制率达 95% 以上。利用分子生物学和组学分析技术，系统解析了植物提取物抑制毒素合成的分子调控网络。创制了采前喷施厚朴酚或采后柠檬醛熏蒸的毒素防控技术，降低了毒素污染。

2. 探索了诱导果蔬酚类物质累积以抑制毒素迁移的应答机制，为解决果蔬制品中毒素污染提供技术支撑。针对果蔬毒素随加工过程迁移、降解难度大的关键问题，研制了可在加工过程应用的低剂量紫外照射技术，该技术可诱导番茄果实营养物质多酚的增加，并有效抑制毒素迁移。

3. 研创交链孢毒素的高亲和力特异性抗体，研发快检产品。

本项目建立了果蔬交链孢毒素的“源头防控 - 过程控制 - 终产品检测预警”全产业链的关键技术体系，并在果蔬及其制品生产企业示范应用，为保障我国果蔬及其制品质量安全提供技术支撑。

成果 86

优质营养猕猴桃（徐香）田间生产的氯吡脲及水肥关键控制技术

主要完成单位：北京农业质量标准与检测技术研究中心

主要完成人员：梁　刚　　潘立刚　　李　安　　靳欣欣

成果主要亮点：

猕猴桃是深受人们喜欢的水果之一，综合利用价值较高，其果实汁多，清香鲜美，酸甜宜人。从保健作用来说，猕猴桃中含有丰富的维生素C、胡萝卜素、糖、氨基酸等营养成分，被誉为“维生素C之王”。氯吡脲是一种新型植物生长调节剂，具有促进细胞分裂、扩大细胞体积、提高光合作用效率等生理作用。在猕猴桃农业生产中，使用氯吡脲主要是为了提高猕猴桃坐果率，促进果实膨大，并有效改善果实品质。虽然氯吡脲可以有效改善猕猴桃品质及其营养成分，提高产量，但二者却不能同步达到最佳，即品质、营养成分最佳时，产量不是最高，而过度追求产量反而会导致品质下降。同时氯吡脲的用量也会因产地环境、猕猴桃种类、水肥管理方式等差异而不同。因此，明晰氯吡脲、水肥施用最合理配套生产技术，实现特定品种猕猴桃优质化生产具有重要意义，同时也为农产品质量安全科学监管、生产指导、消费引导等提供技术支撑。

基于田间试验（陕西省眉县猕猴桃产区），开展了氯吡脲（10 mL/瓶）、水肥等对田间生产猕猴桃（徐香）品质的影响研究，揭示了氯吡脲及水肥等关键生产要素对猕猴桃品质的影响，通过对单果重、果形指数、可溶性固形物、硬度、糖含量、酸度及维生素C含量等指标评价，明确了优质猕猴桃田间生产的氯吡脲用量、水肥全程管控关键技术，为优质猕猴桃科学生产提供了技术支撑。

成果 87

基于核酸适配体的真菌毒素生物传感技术和前处理装置研发与应用

主要完成单位：北京农业质量标准与检测技术研究中心
国家粮食和物资储备局科学研究院

主要完成人员：栾云霞　陆安祥　刘洪美　王　蒙　冯晓元

成果主要亮点：

农产品中的真菌毒素严重危害人畜健康，而真菌毒素具有分子结构类似、种类多、痕量高毒的特点，因此，特异性强、亲和力高的识别元件是痕量真菌毒素高灵敏度、快速检测的关键。核酸适配体具有易体外合成修饰、易储存、批次差异小等诸多优势，在化学发光、光学检测、侧流层析等生物传感方面展现出优良的特性。

本研究以固定文库代替固定小分子的传统方法，建立了小分子化合物通用的适配体筛选方法，解决了小分子目标物不易固定和分离难度大的难题。利用计算生物学结合 ITC、CD 谱、控温紫外和荧光光谱技术，研究适配体与靶标的结合机理并进行工程化设计，获得低成本、高亲和力和特异性的核心序列。以赭曲霉毒素、黄曲霉毒素 B_1 和黄曲霉毒素 B_2、链格孢酚、呕吐毒素和玉米赤霉烯酮的核酸适配体为识别元件，结合新型纳米和荧光材料，研制了可视化和荧光快速检测技术；利用 DNA 酶的信号放大和核酸适配体高特异性高亲和力的特点，建立基于便携式血糖仪的真菌毒素现场快速检测技术；以适配体代替抗体，开发了基于荧光法的多毒素侧流层析定量方法和装置；开发了适用于农产品中真菌毒素高通量前处理的磁固相萃取技术和适配体亲和柱产品。相关技术在中国检验检疫科学研究院、国家粮食和物资储备局科学研究院、河南省农业科学院农业质量标准与检测技术研究所、山东省农业科学院花生研究所和 Romer Labs 进行验证。发表 SCI 论文 10 篇，获发明专利授权 7 件、PCT 专利授权 1 件、专利实施许可转让 1 件。

基于核酸适配体的快速检测和前处理技术，为农产品中真菌毒素低成本、高灵敏度现场筛查和绿色高通量前处理提供了新的选择。

成果 88

产地环境及农产品中除草剂残留筛查技术及污染风险评估

主要完成单位：北京农业质量标准与检测技术研究中心

主要完成人员：马智宏　平　华　李　杨　李冰茹　李　成

成果主要亮点：

除草剂的使用虽然大大减轻了劳作负担，增加了作物产量，然而除草剂在去除杂草的同时也会被农作物吸收，使作物产生药害，还会对环境和人体健康造成潜在风险。目前，对农药残留研究多集中在杀虫剂、杀菌剂等造成的污染风险，而对于产地环境和农产品中除草剂筛查分析技术、污染特征调查和膳食暴露风险研究相对较少。2018 年木耳打药视频在社交媒体热传，声称木耳在栽培过程中打除草剂等农药，引起社会广泛关注，导致木耳产业受到一定影响。针对上述一系列问题，对产地环境和农产品中除草剂筛查技术，污染状况及暴露风险开展了相关研究。取得了以下成果。

1. 基于超高效液相色谱串联质谱筛查等分析技术，建立了土壤、蔬菜及粮食作物中阿特拉津等常用除草剂以及黑木耳中常用除草剂的筛查方法；针对目前草甘膦及草铵膦检测需要衍生化、前处理复杂、稳定性差的问题，建立土壤和黑木耳中草甘膦、草铵膦及其代谢物非衍生化 - 超高效液相色谱串联质谱分析方法，大大提高了检测效率和稳定性。

2. 针对农业区土壤及农产品中除草剂残留，流通市场黑木耳中草甘膦、草铵膦等除草剂残留情况进行了监测，总共获得数据 9 300 余条。

3. 采用目标危害系数法对黑木耳等农产品中除草剂残留进行膳食暴露风险评估，明晰了其存在的潜在风险，消除大众对黑木耳中除草剂残留风险的疑虑。

本研究的相关成果共发表相关论文 5 篇，获得专利授权 1 件，提交课题总结报告 2 份。

成果 89

绿色优质农产品（“三品”）质量安全控制技术应用与推广

主要完成单位： 北京市农业环境监测站
北京达邦食安科技有限公司
中国绿色食品发展中心
农业农村部农产品质量安全中心
北京市房山区农业技术综合服务中心
北京市延庆区种植业服务中心
北京市大兴区庞各庄镇农业综合服务中心
北京市密云区巨各庄镇林业站

主要完成人员： 欧阳喜辉　杨明升　张志华　姚文英　佟亚东
张　乐　郝建强　刘晓霞　李玉军　李清波
古燕翔　王玉平　朱再生　徐明泽　赵永和
刘江涛　祝　宁　张友廷　侯　鹏　李　楠
孙宝胜　刘海涛　冯宝芹　翟绍华　李　柱

成果主要亮点：

针对绿色优质农产品（“三品”）有效供给不足，通过研发风险因子筛查、环境适宜性评价与监测预警和蔬果废弃物资源化循环利用技术，填补了当前国内空白，集成了产前、产中、产后全链条的绿色优质农产品质量安全控制技术体系，并应用 SOP 标准化操作技术验证熟化。通过认证带动、市场拉动、基层主动、培训联动、信息互动等组织措施和模式进行全面推广应用。

核心技术如下：

1. 农产品质量安全风险因子筛查技术。对北京市农产品质量安全状况进行了详细排查，进行定量检测达420余万项次，构建了高分辨质谱靶向与非靶向未知物筛查新方法，创建了620种农药高质量精度二级离子谱库，对蔬果中农药残留进行高通量筛查，甄别出主要风险因子457个，并分析了其来源和关键环节。经中国农学会评价，该技术成果达到国际先进水平。

2. 产地环境适宜性评价与监测预警技术。综合运用环境质量调查技术、布点监测技术、评价技术和基于GIS技术的土壤环境质量空间分布特征表达技术，对种植、畜牧养殖和水产养殖环境进行系统监测。有效监测数据137万余个，填补了大城市郊区复合型污染系统性监控的空白，实现了对北京市郊区农业生产环境质量综合性和适宜性评价，实现对“三品”产地环境质量的动态跟踪监测预警。

3. 农业废弃物资源化循环利用技术。针对蔬果废弃物C/N波动大、木质素（纤维素、半纤维素）含量高、有害病菌风险高、产生量集中和难以快速腐熟处理等无害化处理技术难点，集成研发了1套超高温热灭活好氧发酵技术工艺。制定地方标准1项、行业标准1项。

成果 90

果蔬中农药多残留检测关键技术集成创新与应用推广

主要完成单位： 北京市农业环境监测站
农业农村部环境保护科研监测所
北京本立科技有限公司
北京市房山区农业环境和生产监测站
北京市大兴区农产品质量检测中心
北京市密云区农产品质量安全综合质检站
北京市延庆区植物保护站
北京市昌平区农产品监测检测中心
北京市平谷区农产品质量安全综合质检站
承德市农产品质量监督检测中心

主要完成人员： 欧阳喜辉　孙　江　肖志勇　黄宝勇　贺泽英
温雅君　杨红菊　闫建茹　郭忠利　刁佳林
尹丽颖　朱冬雪　王　岚　车　铬　刘小冬
郭　阳　赵　源　刘霁欣　王丽英　刘　洋

成果主要亮点：

果蔬类农产品是老百姓菜篮子的重要组成部分，其农药残留问题事关产业发展和消费安全。项目针对传统果蔬中农药多残留检测方法步骤多、耗时长及基层检测人员不易掌握等关键问题，研发了 QuEChERS 样品制备系统，创建了国内 QuEChERS 前处理方法，并写入食品安全国家标准，集成制定了果蔬中农药多残留检测关键技术规范、果蔬中农药多残留检测谱图识别与解析指导规范。获得国际专利和国家发明专利各 2 件，荣获中国分析测试学会 2017 年 BCEIA 金奖，制定国家和行业标准各 1 项，出版专著3部，发表论文20篇。

通过五位一体的推广模式，使该技术成果在基层检测机构得到广泛应用，大大提高了北京市基层检测机构能力水平，为首都鲜活农产品质量安全及重大活动应急保障提供了重要技术支撑。

成果 91

草莓质量安全全程控制关键技术与应用

主要完成单位： 北京市农业环境监测站
中国农业科学院农业质量标准与检测技术研究所
阳光盛景（北京）生态科技股份有限公司
北京市昌平区农业技术推广站
北京市房山区农业环境和生产监测站
北京市密云区优质农产品服务站
北京市昌平区农业环境监测站
北京天翼生物工程有限公司
北京金六环农业园

主要完成人员： 欧阳喜辉　李　玲　李祥洲　周绪宝　张敬锁
庞　博　张维民　杨红菊　董文光　周　洁

成果主要亮点：

草莓作为小作物品种典型代表，制约其产业健康发展有三大因素：一是质量安全问题，生长期长，病虫害高发，生产者缺乏全程风险管控技术；二是货架期问题，质地柔软易受伤，不耐贮藏；三是废弃物易滋生传播病虫草害，无害化处理和资源化难。

本项目主要技术创新点如下：

1. 创建了农药及增塑剂（PAEs）高质量精度二级碎片离子谱库，对草莓中农药残留和 PAEs 进行高通量筛查，对筛选出的高危因子毒性和机理进行深度解析提出管控措施。

2. 创新研制了草莓生长期间喷施钙制剂 + 竹醋液的技术和采前诱抗剂处理结合采后施用乳酸菌素的技术，有效延长了草莓的货架期，提高植株的抗病能力，降低果实腐烂率。

3. 研发适用于高木质纤维素废弃物高温热灭活好氧发酵技术工艺模式，补全了草莓全程风险管控的末端环节，实现草莓废弃物高效无害化处理并直接还田利用。

项目组集成研究成果，编制覆盖产地环境、过程控制和废弃物循环等全链条的《草莓全程质量安全风险管控技术规程》，高效应对 2015 年“乙草胺草莓”、2016 年“空心激素草莓”事件，化解风险并引导安全消费。成果在北京、天津、河北、辽宁等省（市）进行了推广应用，取得生态环境效益和社会效益。

成果 92

贵州绿茶品质检测分析技术集成与应用

主要完成单位：贵州省农产品质量安全监督检验测试中心

主要完成人员：蔡　滔　　李　俊　　王　震　　庞宏宇　　赖　飞

成果主要亮点：

贵州省属亚热带湿润季风气候，地形、气候适宜茶树生长。2007 年，贵州省委出台《关于加快茶产业发展的实施意见》，着力打造“世界绿茶看中国，中国绿茶在贵州”的高品质绿茶核心产区。2014 年，贵州省人民政府出台《贵州茶产业三年提升计划》，明确将贵州绿茶申报国家农产品地理标志登记保护产品作为主要工作内容。

2012 年以来，贵州省农产品质量安全监督检验测试中心开始组织科技人员对贵州绿茶开展一系列研究分析，将检测技术应用于贵州绿茶的氨基酸、茶多酚等品质分析中，从检测数据定性定量诠释了贵州绿茶之特点、贵州绿茶冲泡之优点、贵州绿茶之安全性，为贵州省茶产业发展提供数据和理论支撑，推进相关标准的出台实施，在贵州茶叶品质安全研究上取得了三大突破。

第一个突破：2012—2017 年研究贵州绿茶品质，于 2017 年 1 月 10 日，助力贵州绿茶获评地理标志农产品。贵州绿茶品质核心——“翡翠绿、嫩栗香、浓爽味”。

第二个突破：2017—2018 年研究贵州绿茶冲泡之特点，通过严谨的数据分析证明贵州绿茶冲泡的科学性、可行性。贵州绿茶冲泡内容核心——“多投茶、高水温、快出汤”。

第三个突破：2015 年至今，参加省部级课题，每年开展专项研究，分析贵州茶叶的安全性，贵州干净茶——“干净茶、不洗茶”。

强力推进贵州绿茶质量安全与品牌研究推广应用，集成建立贵州绿茶品质研究方法，建立了茶叶色、香、味、品的检测方法，综合运用于茶叶检测中。2015—2019 年共开展茶叶品质检测 600 余个样本，10 000 条数据，基本摸清了贵州绿茶品质特点；连续 6 年跟踪检测贵州斗茶赛的茶叶样本 1 000 余个，为斗茶赛做好安全保障；连续 4 年在贵州开展茶叶风险监测与评估项目，检测样本 5 000 余个。推广应用贵州绿茶贯标企业 200 余家，覆盖 56 万亩茶园。

贵州绿茶品质检测分析技术集成与应用总结如下。

一是较为系统地对贵州绿茶品质进行了研究，对贵州绿茶提炼出翡翠绿、嫩栗香、浓爽味之特点，提供了数据支撑，形成品质分析报告，贵州绿茶水浸出物≥40%，游离氨基酸总量≥4%，酚氨比在 3～4，为贵州绿茶获评地理保护登记农产品做出贡献，作为主要参与单位申请贵州绿茶农产品地理标志产品，并于 2017 年 1 月 10 日取得农产品地理标志登记保护证书（登记证书编号 AG102055），成为全国首个省级茶叶类国家地理标志产品，保护面积达 46.7 万 hm^2，研究成果用于《贵州绿茶》《贵州茶冲泡指南》等 6 项贵州省地方标准的制修订。

二是连续 5 年开展了茶叶风险评估研究项目，集成建立了贵州省茶叶风险评估研究方法及评估模型，运用于贵州省农产品风险评估研究。跟踪贵州茶叶质量风险，研究分析并掌握贵州省茶叶质量安全主要风险点、出口贸易壁垒控制点和茶叶新型危害风险控制点。

三是建立基于 GIS（地理信息系统）的贵州省茶叶产地环境土壤质量安全信息化评价系统，系统具备分析评价、数据查询、规划布局等功能。

科技成果方面，发表论文 40 余篇。其中中文核心期刊 17 篇、SCI 收录 1 篇；多篇论文影响因子达 2.0 以上，被多篇论文、专著引用。

拥有国家发明专利 3 件，已授权 1 件，实质性审查 2 件，授权实用新型专利 3 件。已授权的 3 件实用新型专利主要解决了茶青样品采摘、储存的难题和农药残留前处理设备优化提升的作用。

拥有自主检测方法 5 项。合成毒死蜱、阿维菌素、克百威和三唑磷的完全抗原，制备单克隆抗体；研发蔬菜、茶叶中农药残留风险较高的毒死蜱、阿维菌素、克百威和三唑磷的酶联免疫试剂盒 4 种。

成果 93

山茱萸果酒产业化与绿色生产标准研制

主要完成单位： 杨凌职业技术学院

主要完成人员： 钱拴提　姚瑞祺　王　锋　韩东锋　周　博
田拥军　蔡小录　廖绍明　陈德军　陈德超

成果主要亮点：

山茱萸为山茱萸科落叶灌木或小乔木，我国秦岭山区有大范围的栽培，其成熟果实为我国传统中药材。山茱萸是我国秦岭山区农户的重要经济产业，但由于缺乏标准化生产技术，山茱萸的产量和品质均不稳定，农户收入有限，严重制约了产业的发展。

为解决上述问题，项目组长年进行山茱萸新品种配套技术示范推广，为山茱萸从业人员提供技术、信息服务，出版山茱萸绿色生产技术专著 1 部，制定省级地方标准 1 项，发表核心论文 1 篇，进而形成本研究成果，成果已通过陕西省科技厅项目验收。

本成果主要包括《地理标志产品 周至山茱萸》和山茱萸绿色生产技术，以尽量体现技术环节的科学、简单、实用、规范为保障，以实现山茱萸产业的优质高效发展为目标，为山茱萸产业建立了一套安全生产的有效技术，在病虫害防治、整形修剪、土肥水管理和花果管理等主要生产加工环节均有涉及，不仅提高山茱萸的经济价值，更能促进农民收入提高，带动地方经济增长，促进山茱萸产业的稳定发展。

近 5 年来，项目组累计在陕西省太白县、周至县及周边地区推广山茱萸种植面积 3.275 万亩，年平均开展从业人员生产技术培训 1 200 余人次。技术成果目前已经在周至县国有厚畛子生态实验林场、杨凌威士妮亚农业科技有限公司和周至县板房子镇长坪村等单位和地区得到应用，取得了经济、社会和生态效益。

成果 94

乳粉中酪蛋白磷酸肽的含量检测试剂盒开发研究

主要完成单位：绿城农科检测技术有限公司

主要完成人员：陈　启　郝星凯　王川丕　章舒祺　黄　亮
周　敏　李　丽　赵月钧

成果主要亮点：

酪蛋白磷酸肽（Casein Phosphopeptides，CPP）是功能性食品添加剂的一种。

本研究建立了针对乳粉 CPP 的液质联用（LC-MS/MS）同位素稀释质谱检测方法。

成果及技术要点如下：

1. 本项目建立了乳粉中 CPP 的 LC-MS/MS 同位素稀释质谱检测方法，并研发出配套检测试剂盒。

2. 由于不同 CPP 生产厂商采用不同的酶解工艺，其产品中 CPP 多肽的种类和组成均不相同，所以通过大规模的实际样品检测确定了 CPP 的标志物，对标志物的特异性、准确性和稳定性进行了验证。

3. 由于质谱检测需要同位素内标的参与以提高抗干扰能力和检测结果准确度，所以本研究以筛选出来的 CPP 标志物为原型，设计并合成了对应的同位素内标。

4. 乳粉中含有大量的乳蛋白，其理化性质与 CPP 相似，对检测会产生影响，所以本研究通过超滤、电泳、凝胶色谱、分子体积排阻色谱、化学沉淀等方法对预处理方法进行了优化，降低了基质对检测的干扰，提高了检测结果的准确度。

成果 95

农产品药物残留和致敏性蛋白检测技术研发及标准制定

主要完成单位：绿城农科检测技术有限公司

主要完成人员：王川丕　张永志　何晓明　余鹏飞　朱萌萌
周　敏　郭利攀　周婷婷　章　虎

成果主要亮点：

农产品药物残留和致敏性引起了广泛关注。因此，建立农产品药物残留和致敏性蛋白含量的检测方法显得尤为重要，实际上这已经成为目前食品安全中重要的关注焦点。

成果及技术要点如下：

本项目建立了农产品中药物残留的高通量质谱检测方法，并建立了食物中致敏性蛋白的快速检测方法。

本项目采用液相色谱－串联质谱法、多重反应监测（MRM）模式对农产品中的 25 种兽药残留进行高通量检测，实现其准确定量；并采用气相色谱－串联质谱法、多重反应监测（MRM）模式对水产品中的 6 种丁香酚类化合物进行高通量检测，实现其准确定量。

此外，本项目通过技术的创新和集成，利用高效毛细管电泳，选择水产源典型致敏性蛋白为研究对象，建立检测食物中致敏性蛋白（如甲壳类精氨酸激酶、原肌球蛋白、鱼类小清蛋白等）的快速检测方法，可操作性强。毛细管电泳技术具有高灵敏度、高分辨率和相对较低成本的特点，其柱效与分子的扩散系数成反比，而蛋白质恰好具有扩散系数小的特点，这就意味着毛细管电泳非常适合蛋白质含量的分析。

本项目制定了 1 项国家标准《水产源致敏性蛋白快速检测　毛细管电泳法》（GB/T 38578—2020）和 3 项团体标准《豆芽中氟喹诺酮类和硝

基咪唑类药物残留量的测定　液相色谱 - 串联质谱法》(T/ZACA 021—2020)、《水产品中镇静剂类药物残留量的测定　液相色谱 - 串联质谱法》(T/ZACA024—2020)、《水产品中 6 种丁香酚类麻醉剂残留量的测定　气相色谱 - 串联质谱法》(T/ZACA 023—2020)。

成果 96

藕粉产品质量安全控制技术研究及国家标准制定

主要完成单位：浙江公正检验中心有限公司（国家轻工业食品质量监督检测杭州站）
杭州西湖藕粉厂　　杭州万隆果干食品有限公司

主要完成人员：许荣年　　秦志荣　　鲍忠定　　任志灿　　蔡毓秀

成果主要亮点：

藕粉富含淀粉、葡萄糖、蛋白质、碳水化合物、膳食纤维以及钙、磷、钠、铁等矿物质，同时还含有维生素 K 和维生素 B_{12} 等成分，能起到开胃健脾、养阴清热、润燥止渴、清心安神的作用。藕粉好吃，有的企业为了节约成本，用别的淀粉（如玉米淀粉、木薯淀粉、红薯淀粉）加入少量藕粉来制作。这些掺假产品流入市场，不仅有害于消费者，还扰乱市场，影响藕粉行业的健康发展。因此，研究制定一套快捷、准确的鉴别方法十分必要，以此打击、抑制不良企业藕粉造假行为。

本项目通过大量的研究，首创了一套藕淀粉典型颗粒检验作为掺假藕粉的鉴定方法，并实现方法验证。检验方法已列入国家标准《藕粉》（GB/T 27533—2010），以及浙江省地方标准《藕粉》（DB 33/439—2006）。

对藕淀粉的颗粒显微形貌、大小、偏光十字、糊化特性、糊化温度、直链淀粉含量等特性进行了研究，提出并验证了以藕淀粉典型颗粒检验作为掺假藕粉的鉴定方法，具体要点如下：

1. 藕淀粉颗粒的形状多为长粒形，表面有轮纹。淀粉颗粒的一端有偏光十字。

2. 平均粒径长随产地和品种不同略有差异。

3. 藕淀粉的糊化温度高于马铃薯淀粉和木薯淀粉。

4. 直链淀粉含量比木薯淀粉的要高很多，与玉米淀粉接近。

5. 利用藕淀粉的显微形态特征，对我国的传统产品藕粉进行检验，能有效地辨别掺假。

成果 97

黄曲霉毒素 M_1 检测试纸条

主要完成单位：北京纳百生物科技有限公司

主要完成人员：郭秀锋　宋世燕　邰宗洋　刘彩娟

成果主要亮点：

黄曲霉毒素是目前世界上已知最强致癌物之一。奶牛等采食被黄曲霉毒素 B_1 污染的饲料后，其乳汁中会产生黄曲霉毒素 M_1 残留，相关乳制品被人食用后，会导致潜在的毒性效应。当前，我国食品安全国家标准以及美国食品与药品监督管理局（FDA）均规定牛奶中的黄曲霉毒素 M_1 不超过 0.5 μg/kg。

本产品采用胶体金免疫层析技术，塑料微孔包被有胶体金标记的黄曲霉毒素 M_1 单克隆抗体，试纸条 PVC 背板上附着有样品垫、硝酸纤维素膜和吸水垫，硝酸纤维素膜由左至右间隔喷涂有检测线和质控线，在质控线上喷涂有羊抗鼠 IgG 抗体。

本产品检测灵敏、速度快、操作简便，单个样本检测时间为 10 min。并且操作简便、成本低廉，单个样本检测成本不超过 15 元。

成果 98

胶体金读数仪

主要完成单位：北京纳百生物科技有限公司

主要完成人员：杨春江　　吴　迪　　马孝斌

成果主要亮点：

NBReader 胶体金读数仪是基于安卓平台的智能检测分析终端。

本产品结构可分为 3 部分。

第一部分为胶体金试纸条适配器，也可称为检验台，可以与胶体金检测卡、胶体金检测条等不同类型的胶体金检测产品匹配，扩大读数仪的使用范围。将反应完毕的胶体金试纸条放在检验台上，即可通过数据采集系统进行采集分析。

第二部分为胶体金图像采集系统，采用全自动对焦摄像头，配套 LED 无影光源获取反应完毕的胶体金检测试纸条的图像，提供给数据处理系统分析。

第三部分为数据处理系统，将数据采集系统获取的图像，通过灰度变换、滤波分析，获取到胶体金试纸条上检测线（T 线）、质控线（C 线）的位置及颜色深度，通过对比 T 线和 C 线的数值，做比值分析、面积对比等，对检测结果进行数字化处理。通过数值分析，还可以自动定位 C 线、T 线，并能最多识别 4 条 T 线，即本系统可用于四合一检测目标类型的胶体金检测产品。

此外，本产品还配备了数据传输模块，可以通过蓝牙、4G 网络、3G 网络及无线局域网等将检测数据传输至大数据分析平台，进一步集中化分析数据，为客户提供管理依据。

成果 99

乳品中抗生素快速检测试纸条

主要完成单位：北京纳百生物科技有限公司

主要完成人员：赵荣茂　郭秀锋　吴　迪　于在江　郜宗洋

成果主要亮点：

乳品中抗生素残留已经成为食品安全关注的焦点之一，乳品中抗生素快速检测试纸条是基于胶体金免疫层析技术原理，利用重组蛋白受体和单克隆抗体技术开发的新一代快速检测产品，可以在较短时间内对多种抗生素同时检测。

本产品主体结构为检测试纸条、胶体金微孔试剂，其中检测试纸条上依据检测项目的不同，设置有 2 条、3 条、4 条或 5 条线，分别对应检测 1 类、2 类、3 类或 4 类药物残留；微孔试剂中盛放的是冷冻干燥的胶体金颗粒标记的特异性识别元件，包括抗生素特异性单克隆抗体、抗生素特异性结合蛋白、抗生素受体蛋白等。检测操作时，将牛奶样品与微孔试剂混合均匀，室温孵育 3～5 min，插入试纸条等待 5～7 min 即可得到检测结果，与胶体金读数仪相匹配还可半定量检测。

针对欧盟、美国、俄罗斯和南美洲等不同区域的检测要求，该产品可通过特异性单克隆抗体及重组受体蛋白的不同组合，可在不同限量要求下检测多种目标分析物。

当前形成技术及产品的有：

1. β 内酰胺类、四环素类和磺胺类多合一抗生素检测试纸条。

2. β 内酰胺类、四环素类、氯霉素和链霉素多合一抗生素检测试纸条。

3. β 内酰胺类、四环素类、磺胺类和（氟）喹诺酮类多合一抗生素检测试纸条。

4. 氨基糖苷类多合一抗生素检测试纸条。

5.（氟）喹诺酮类、大环内酯类、林可霉素和红霉素多合一抗生素检测试纸条。

6. β 内酰胺类、四环素类和头孢氨苄多合一抗生素检测试纸条。

成果 100

营养与健康导向的广东茶资源创新利用关键技术及其应用

主要完成单位： 广东省农业科学院茶叶研究所
浙江大学　五邑大学
广东鸿雁茶业有限公司
广东英九庄园绿色产业发展有限公司
广东茗皇茶业有限公司
广东天池茶业股份有限公司
河源市丹仙湖茶叶有限公司
江门丽宫国际食品股份有限公司

主要完成人员： 操君喜　孙世利　孙伶俐　徐　平　赖兆祥
黎秋华　李冬利　赖幸菲　陈海强　吴镜文
黄夏然　柯泽龙　邱丽芳　区柏余

成果主要亮点：

该成果针对广东茶产业面临的“茶叶功能成分提取制备技术落后与营养健康功效不明确”“广东省内代表性茶资源物质基础与功效缺乏理论支撑”“广东茶资源创新利用技术缺乏与高附加值茶产品少”关键科学问题和产业技术瓶颈，历时 11 年，从成分上，创制了茶多肽、茶黄素等功能成分的提取分离关键技术；从功效上，阐明了以缓解代谢综合征为主线的茶叶营养健康分子机制；从资源上，明确了英红九号、凤凰单丛、客家炒茶等广东特色茶资源的物质基础；从分布上，覆盖了广东四大产茶区相关企业；从产业上，创制了系列茶及高附加值健康功效产品。引领广东茶产业提质增效。

1. 创建了高纯度茶黄素、功能性茶多肽、茶多糖等活性成分提取分离关键技术，明确了茶叶及其功能成分营养健康作用与分子机制。建立高纯度茶黄素的提取分离关键技术，解决了天然茶黄素提取纯度低的问题，建立了降血糖和降血压功能导向的茶多糖和茶多肽提取关键技术，对茶叶功能成分的营养健康功效进行研究。

2. 揭示了广东四大茶叶产区特色茶资源物质基础与营养健康机制，为广东茶资源的健康功效提供了科技支撑与理论依据。全面系统地研究了广东四大茶叶产区代表性茶资源的物质基础和以缓解代谢综合征为主线的健康功效及其作用机制。

3. 建立了传统茶品质提升、营养健康茶产品加工关键技术，创制出高品质传统茶及营养健康茶叶深加工产品，解决了广东营养健康功效相关茶产品缺乏、茶叶深加工技术水平低的瓶颈问题。

授权专利 25 件，软件著作权 11 项；发表科研论文 55 篇，其中 SCI 论文 30 篇；制定技术标准 5 项，广东省农业主推技术 2 项。

技术成果在广东省 40 多家企业推广应用，推广面积 24 万亩，取得了经济和社会效益。

成果 101

水产品典型污染物监测及毒性效应评价技术体系构建与应用

主要完成单位： 浙江省海洋水产养殖研究所　浙江大学

主要完成人员： 周朝生　胡　园　陈星星　刘广绪　陆荣茂　吴　越　郑伊诺　潘齐存　李　敏　徐汇镔　王　芳

成果主要亮点：

本项目围绕当前社会关注的养殖水产品质量安全热点领域，开展了水产品养殖环境中蓄积的重金属、持续性有机污染物和抗生素等典型污染物的检测技术、迁移转化规律及毒性机理研究。在此基础上实施了主导水产品中典型污染物的风险监测预警及其对人群健康的风险评估。

1. 开展主导水产品中典型污染物风险监测预警并构建基础数据库。针对全省贝藻类、温州全市贝类和虾蟹类等 30 余个主导水产品实施典型污染物专项调查与监测分析，梳理了 3 万余组典型污染物模块数据包。针对主导水产品主要养殖区域和主要养殖模式，开展了典型污染物风险趋势分析并绘制风险图，形成了“一库一图”监测预警机制。

2. 实施了水产品中典型污染物检测技术优化升级。通过对不同溶剂、不同提取时间和溶剂体积比等前处理条件及色谱条件的优化，构建了海水藻类中不同形态砷的检测新方法。基于此对不同地区藻类样品中砷的形态分析，明确了羊栖菜等藻类主要以有机砷为主。针对污染物超标（超限）浓度低、种类多且理化性质差异大以及基质成分复杂等难题，利用分子印迹技术的高选择性和微萃取技术样品量少、消耗溶剂少等优点，建立适合不同基质类型典型污染物的多组分精确定量检测技术，实现了 15 种持续性有机污染的同时快速检测。获得 6 件具有自主知识产权的海洋生物有害物质检测装置等专利。

3. 开展了典型污染物在代表性水产品中富集与毒性作用机理研究。综合运用毒理学、免疫学等分析技术，明确了钙离子通道－钙信号通路是重金属镉在贝类体内大量富集并引起免疫毒性的关键靶点，发现酸化能影响污染物（代表性重金属、持久性有机污染物、抗生素）在贝类体内的代谢，进而改变其在海产贝类中的富集程度，具有重要研究创新意义。

该项目已申请专利 11 件，获得发明专利 5 件、实用新型专利 6 件，发表论文 18 篇，培养研究生 10 人。该项目为浙江省、温州市及下属 8 个沿海县（市、区）渔业主管部门水产品检测提供了技术支撑，通过水产品质量安全宣传周等科普宣传活动，倡导全社会关注水产品质量安全，取得了较好的经济、社会和生态效益。

成果 102

镉污染耕地水产品养殖安全性评价

主要完成单位： 湖南省水产科学研究所

主要完成人员： 伍远安　谢仲桂　黄向荣　黄华伟　李小玲　洪　波

成果主要亮点：

主要开展了 4 个方面的研究。

其一是池塘养殖模式下水产品原位监测研究。2014—2016 年，对池塘环境及养殖鱼类（鲢、鳙、草、鲫）的镉含量进行跟踪监测，共抽取样品 537 批次。

其二是稻渔种养模式下水产品原位监测研究。2019—2020 年，开展了对草鱼、鲢、鳙、小龙虾、河蟹、呆鲤、中科 3 号鲫鱼、中华鳖 8 种水产品及 3 种水稻（深两优 862、荃优华占、Y 两优 143）的安全性评价研究。

其三是镉污染耕地饲草投喂对草食性鱼类的安全性评价研究。2020 年，研究镉在草鱼体内的蓄积及组织病理影响。

其四是镉的面源监测研究。2020 年，在不同镉严格管控区，对池塘养殖环境及养殖水产品的安全性进行研究，研究环境中镉与养殖水产品组织中镉蓄积的关联性。

成果 103

碧螺春茶优质安全生产质量控制关键技术

主要完成单位： 苏州市农业科学院
江苏省农业科学院农产品质量安全与营养研究所
苏州市职业大学　　苏州市农产品质量安全监测中心
苏州市吴中区金庭镇农林服务站
苏州市吴中区东山镇农林服务站

主要完成人员： 刘腾飞　杨代凤　董明辉　顾俊荣　张存政
张　丽　黄　芳　张国芹　陆丽华　李浩宇

成果主要亮点：

针对碧螺春茶产业发展中存在的肥药不合理使用带来的茶叶产品质量及安全隐患和环境污染问题，通过构建茶叶农药减量防控技术、肥料减量增效技术、质量评价监测技术等生产质量控制关键技术，为碧螺春优质安全生产及产业高质量发展提供以下技术。

1. 农药减量防控技术。通过主要病虫害监测预警，推广高效低毒低残留农药、专业化和社会化统防统治及绿色防控相融合技术，推进农药减量控害，提高茶叶质量安全水平。

2. 肥料减量增效技术。根据茶树树龄、需肥规律、间种果树类型等因素，采取精确定量栽培技术，通过有机无机肥料配合施用，设置合理的有机肥和无机肥比例，提高肥料利用效率，实现优质茶产量和品质同步形成。

3. 质量评价监测技术。利用色谱、质谱、光谱、纳米材料为核心的高效前处理等手段，实施碧螺春茶园土壤等生产要素、茶叶制作原料（茶青）及茶产品中主要农药和污染物残留精准检测，对生产过程进行动态监测，保障茶叶产品质量安全水平；通过测定不同等级和产地茶叶含水量、干物质、茶多酚、儿茶素、咖啡因、可溶性蛋白质、游离氨基酸等主要营养品质，采取主成分分析、聚类分析等多元统计方法，构建以数学评价模型和指纹图谱为核心的碧螺春茶叶评价技术，初步实现茶叶产品级别判定和真伪鉴别。

成果 104

真空预冷在双孢蘑菇产品上的示范应用

主要完成单位：上海联中食用菌专业合作社

主要完成人员：陈林根　　丁文峰　　蔡斌强　　陈妹红　　黄建春

成果主要亮点：

新鲜的双孢蘑菇在常温下的货架期只有3～4天，其原因主要是由于采后储藏期间褐变现象严重影响其外观，同时，由于其表面缺乏保护组织，储藏过程蒸腾失水易引起表皮皱缩，导致菇柄伸长、菌伞扩张同时伴随营养品质的降低。正是由于双孢蘑菇采后极其活跃的后熟过程严重影响了其商品品质和货架期，给生产和储运造成很大的损失。

真空预冷保鲜可有效降低果蔬的呼吸强度，抑制果蔬自身养分的消耗，保持新鲜度，并通过后期全程冷链储运，可有效延长果蔬的储藏期。

本项目的技术关键有：双孢蘑菇采摘前，菇房的温度、湿度等环境因子的关键调控对双孢蘑菇采摘后的影响；真空预冷设备及其配套设备的选择；真空预冷时，预冷槽中温度、湿度、压力、时间等因子的设置。

成果 105

重大蔬菜害虫韭蛆绿色防控关键技术创新与应用

主要完成单位：河北农业大学

主要完成人员：魏国树　范　凡　李梦瑶　杨小凡　苑士涛

成果主要亮点：

韭菜迟眼蕈蚊属双翅目眼蕈蚊科迟眼蕈蚊属，分布于中国、芬兰、德国和伊朗。该虫一生有卵、幼虫、蛹和成虫 4 个虫态，仅幼虫期为害，幼虫俗称韭蛆，寄主范围广，可为害百合科、菊科、十字花科等 7 科 30 多种蔬菜、瓜果和食用菌，尤其嗜食我国传统特色蔬菜——韭菜。因幼虫隐蔽聚集韭菜鳞茎、假茎和根部为害，传统灌药防治引起农残超标严重威胁韭菜产品质量、土壤环境安全和消费者身体健康。

本项目主要成果如下：

1. 明确了韭菜迟眼蕈蚊种群数量动态变化、峰期日活动规律及关键影响因子。

2. 发现该蚊有趋黑习性，创建和推广了灵敏、无损和环境友好的黑色粘虫板监测和防控新技术。

3. 探明黑色基质有益于该蚊生长发育、交配和产卵的趋黑性机理。发现其特异表达紫外敏感、长波敏感视蛋白基因和离子通道蛋白基因 6 个。

4. 示范和推广日晒高温覆膜法防控新技术，获得一定经济、生态和社会效益。

成果 106

县级农产品质量安全追溯能力提升建设

主要完成单位： 四川省农产品质量安全中心　都江堰市农业农村局　游仙区农业农村局　荣县农业农村局　青川县农业农村局　洪雅县农业农村局

主要完成人员： 林方龙　凌秋育　沈崇胥　向世杰　谭　礼　胡　斌　唐　瑕　雷　磊　陈　欣　陈　帆

成果主要亮点：

近年来，各地为推动农产品质量安全追溯工作做了大量探索，取得了一定成效，但同时也存在生产经营主体积极性不高、追溯产品优质不优价等问题。针对上述问题，四川省以县级农产品质量安全追溯能力提升建设为抓手，不断健全制度，攻克技术难题，积极推动国家（省级）追溯平台推广应用，着力提升农产品质量安全监管信息化水平。

一是开展示范建设。制定《县级农产品质量安全追溯体系建设规范》省级农业地方标准，以及《国家（省级）追溯平台操作规范及业务流程》等技术规范，推动追溯工作制度化。按照有专人、有制度、有设备、有数据标准，创新实施"协议化管理""以奖代补"等机制，开展追溯示范主体建设，全省累计建设 240 家。

二是促进业务融合发展。2020 年，创新实施合格证 + 追溯码模式，采用 Web Service 技术，在省级追溯平台新增合格证打印及统计功能，生产经营主体可在省级追溯平台一键打印带有追溯码的食用农产品达标合格证，破解了合格证和追溯工作不融合的问题，减少了企业重复操作，受到各界广泛好评，全省累计打印 1 188 万张。

三是强化新技术应用。使用智能语音录入、GPS 定位、蓝牙打印等技术，开发上线四川追溯 App，支持语音识别、移动支付、电子商务等功能，生产经营主体通过手机、蓝牙打印机等便携式设备，即可在田间地头实时打印追溯码，解决了不能移动打印和便捷操作的问题，实现了追溯应用场景多元化，提升了生产经营主体实施追溯管理的积极性。

四是探索赋码新方式。按照部分企业需求，会同技术单位积极推动追溯产品赋码方式创新，采用认证信息接口，实时为喷码设备传输追溯数据，实现追溯码直接喷绘至预包装袋，突破了传统先打印后粘贴赋码方式，极大提高了赋码效率，减少了人工成本。

通过县级农产品质量安全追溯能力提升建设和技术应用创新，对提升经济效益、社会效益发挥了积极作用。据统计，四川省 4.2 万家生产经营主体入驻国家（省级）追溯平台，累计上传产品批次信息 238.8 万条，数据位居全国第一；加贴追溯标识的产品得到经销商和消费者的一致认可，售价和销量稳步增长，都江堰天赐猕源等公司实施追溯管理后，产品价格提高了 30%。

成果 107

果蔬品质无损评价鉴定装备技术

主要完成单位：中国农业大学工学院

主要完成人员：彭彦昆　李永玉　江发潮　聂　森

成果主要亮点：

由于果蔬生产受气候、地域、品种、管理技术等因素影响，导致果蔬的采后及储运过程中品质优劣混杂，降低了果蔬的商品价值和市场竞争力。该成果针对现有的无损检测技术存在特征信息辨识难、动态误差大等技术难题，面向果蔬产品品质监控的实际需求，融合果蔬的图像信息和近红外光谱特征，破解了果蔬内外部品质无损智能化评价的瓶颈难题，创制了系列新型无损评价技术及装备。

1. 破解了果蔬品质的无损实时、高通量动态精准检测评价难题，创建了 17 种农产品 51 个品质参数预测模型及评价方法，突破了内外部品质（色泽、糖度、酸度、硬度、干物质含量、表面损伤和内部黑心病害等）同时检测及分级的关键技术。通过建立的果蔬形态、环境温度对光谱信息影响的纠正算法，评价误差降低 26.3%～73.3%。挖掘出苹果、番茄等圆球形果蔬品质的图谱特征，解决了完整外部品质检出难题，建立了内外部多品质参数的无损、高通量实时检测鉴定及新鲜度评价模型，评价相关系数为 0.91～0.97。

2. 创制了果蔬品质无损检测、评价及分级的系列装备 9 种，包括掌上式、便携式、在线式和放置式 4 种工作方式的装备，用于产销链不同环节，实现了对苹果、梨、桃、番茄、马铃薯等主要果蔬品质的动态快速、高通量、现场的无损评价鉴定及分级。便携式速度为 1 个 / 秒，在线式速度为 2～3 个 / 秒，正确率为 95% 以上。

通过对果蔬内外部品质的无损评价及分级，提高了果蔬品质及综合利用水平，促进了高效、绿色、健康、节约的果蔬生产和消费模式。中国农学会的成果评价：果蔬品质多参数无损在线检测技术达到国际领先水平。

该成果授权发明专利 38 件、实用新型专利 36 件，登记软件著作权 27 项，出版专著 4 部，发表论文 211 篇（其中 SCI/EI 167 篇），制定行业标准 2 项、团体标准 1 项，获神农中华农业科技奖一等奖 1 项、农产品加工业科技创新推广成果 1 项。

成果 108

肉品品质无损评价及分级的智能装备技术

主要完成单位：中国农业大学工学院

主要完成人员：彭彦昆　李永玉　江发潮　聂　森

成果主要亮点：

我国是肉品生产和消费大国，随着生活水平的提高，人们对肉品质提出了更高的要求。本成果突破了肉品品质无损、快速、在线检测及评价的关键技术瓶颈，创制了新型实用的肉品品质检测评价技术及装备。

1. 揭示了生鲜肉的光散射规律特征及其与品质属性的关系，建立了生鲜肉品质多参数（色泽、pH 值、嫩度、水分、系水力、脂肪、蛋白质、水分、挥发性盐基氮、菌落总数等）的可见－近红外光谱 18 个定量无损评价模型及 6 个模型库，提出了双波段光谱融合方法和自适应模型更新方法，提高了肉品品质评价的准确性和可靠性。

2. 创制了生鲜肉品质参数的无损高通量评价的移动式、在线式、便携式等 8 个系列装备，实现了生鲜肉食用品质的在线和现场实时评价鉴定。针对产销链各环节不同需求，研发了肉品新鲜度、货架期、胴体背膘厚和大理石花纹等在线分级装备。在线式速度为 1～3 个样品 / 秒，便携式速度为 3～4 个样品 / 秒，评价鉴定正确率为 92%～100%，误差≤4%，技术参数满足实时在线检测实际需要。

3. 开发了肉制品物联感知预警装备系统，实现了肉制品腐败变质的关键指标（挥发性盐基氮、菌落总数、pH 值、颜色）实时预警。通过对装备系统植入的多种肉品评价模型，实现了肉品品质信息的实时共享、远程云监控肉品评价结果等。

该成果为生鲜肉品质监控提供了先进实用的评价鉴定手段，提高了监管效率及监控技术水平。中国农学会组织知名专家对该成果进行了科学评价：整体技术达到国际领先水平。该成果获授权发明专利45件、实用新型32件；登记软件著作权35项；出版中英文专著6部，发表论文221篇（其中SCI/EI 165篇）；牵头制定行业标准6项、团体标准1项；获科技奖6项，包括国家技术发明奖二等奖（2017）1项、教育部科技进步奖一等奖（2016）1项等。